Svenja Hofert

Praxismappe
für die *perfekte*
Internet-Bewerbung

E-Mail-Bewerbung, Online-Formulare,
Online-Assessment, Online-Bewerbung auf Englisch

eichborn.
berufsstrategie

Svenja Hofert arbeitet seit Jahren erfolgreich als Autorin und Karriereberaterin in Hamburg *(www.karriereundentwicklung.de)*. Bei Eichborn sind u.a. bereits erschienen: *Bewerben und Jobsuche im Web 2.0, Praxisbuch Existenzgründung* und *Praxismappe für die kreative Bewerbung.*

1. Auflage 2009

Alle Fotos mit freundlicher Genehmigung von
die hoffotografen, Berlin, *www.hoffotografen.de.*

© Eichborn AG, Frankfurt am Main, August 2009
Umschlaggestaltung: Christina Hucke
Layout und Satz: Oliver Schmitt
Druck und Bindung: Fuldaer Verlagsanstalt, Fulda
ISBN 978-3-8218-5986-6

Eichborn Verlag, Kaiserstraße 66, D-60329 Frankfurt am Main
Mehr Informationen zu Büchern und Hörbüchern aus
dem Eichborn Verlag finden Sie unter *www.eichborn.de.*

Inhalt

Was Ihnen dieser Ratgeber bietet

Liebe Leserinnen und Leser,

vielen Dank, dass Sie sich für dieses Buch interessieren oder es vielleicht sogar schon gekauft haben.

Eine gute Investition: Ich habe intensiv und branchenübergreifend zur Internet-Bewerbung recherchiert sowie reichlich praktische Erfahrungen gesammelt. Schon seit den neunziger Jahren beschäftigt mich die Online-Bewerbung als wichtige Komponente im Komplex Karriere und Bewerbung.

Aus einem exotischen Thema ist dabei längst ein Thema mit Breitenwirkung geworden – in vielen Unternehmen gehen heute 100 Prozent aller Bewerbungen über das Internet ein, da die Bewerbung per Post zum Teil gar nicht mehr akzeptiert wird. Selbst in traditionellen Branchen wie Bau und Versicherung ist der Internet-Weg heute gängig.

»Gibt es eigentlich inzwischen einen Standard bei der Internet-Bewerbung?«, fragte mich ein Zeitungsjournalist in einem Interview. Er hatte den Eindruck, dass überall unterschiedliche Empfehlungen gegeben würden und es die »perfekte Internet-Bewerbung« nicht gäbe.

Für mich gibt es sie. Genauso wie es eine perfekte herkömmliche Bewerbung gibt. Oder die perfekte Bewerbung überhaupt: Sie ist individuell, authentisch und spricht den Empfänger an. Die Wege, dies zu erreichen, sind so unterschiedlich wie Anforderungen in Berufen.

Allerdings existiert ein Bewerbungs-Knigge für das Internet, der sich leider längst noch nicht überall durchgesetzt hat. Er bezieht sich auf das Erscheinungsbild von E-Mails und Online-Formularen – eben auch auf das, was ich »virtuelle Kaffeeflecken« nenne, die es zu vermeiden gilt: Erst unsichtbar, verwandeln sie sich in den Händen des Empfängers in hässliche Botschaften. Nur ein kleines Beispiel, das selbst gewieften Internetnutzern oft nicht bewusst ist: Die Mehrzahl der deutschsprachigen Bewerber verwendet inzwischen sogenannte Freemail-Adressen von Anbietern wie GMX oder Web.de. Werden diese über das Internet und ohne Zwischenschaltung eines E-Mail-Programms verwendet, heftet

sich nicht selten Werbung an das Ende der Mail. Eine Tatsache, die auf den personalentscheidenden Leser äußerst befremdlich wirken kann, zumal wenn es in diesen Werbeanhängseln um Versicherungen und Gewinnspiele geht.

Dieser Ratgeber nennt aktuelle Standards und beschreibt Schritt für Schritt, wie Sie professionelle Bewerbungen per E-Mail und Online-Formulare schreiben. Daneben beschäftigt er sich aber auch mit allen anderen für die Internet-Bewerbung relevanten Faktoren: etwa der Stellensuche im Internet oder Online-Assessment-Centern. Auch kreative Internet-Bewerbungen sind Thema, beispielsweise in Form der Video-Bewerbung.

Auch auf Online-Bewerbungen auf Englisch und ins angloamerikanische Ausland gehe ich ein, da die dortigen Standards teilweise von unseren abweichen.

Und eine weitere Premiere: In diesem Praxisbuch finden Sie den ersten groß angelegten Test zum Thema »Online-Bewerbung«. Dazu wurden die Bewerbungsmodule von großen Konzernen sowie Formulare und Software getestet.

Nicht zuletzt erhalten auch »Postbewerber« wichtige Anregungen, wie sie das Internet nutzen können, um ihre beruflichen Ziele zu realisieren.

Dieses Buch ist der Nachfolger eines Werks aus dem Jahr 2005. Seitdem begann sich erst der Trend durchzusetzen, der spätestens seit 2006 überall spürbar und jetzt allgegenwärtig ist: Unternehmen wollen keine Postbewerbungen mehr, verlangen Bewerbungen per Online-Formular oder bevorzugen E-Mails.

Ich wünsche Ihnen viel Spaß und erhellende Einblicke in den Internet-Dschungel.

Über Ihr Feedback freue ich mich unter der Webadresse *www.karriereundeentwicklung.de*.

Svenja Hofert

Schnellüberblick Internet-Bewerbung

Wie verbreitet ist die Internet-Bewerbung?
Was versteht man eigentlich unter dem Begriff?
Welche Formen gibt es?
Und: Was muss ich tun, wenn ich dazu aufgefordert
worden bin, mich per Internet zu bewerben?

Das folgende Kapitel gibt Ihnen einen komprimierten und praxisnahen Überblick über das Thema. Sie erhalten Entscheidungshilfen, wann Sie Ihre Bewerbung per E-Mail, Post oder über ein Formular verschicken sollten. Sie bekommen darüber hinaus Anregungen, wie Sie eine E-Mail-Bewerbung erstellen.

Was ist überhaupt eine Internet-Bewerbung?

Internet-Bewerbung ist der Oberbegriff für Bewerbungen, die Sie über das Netz versenden. Dies können E-Mail-Bewerbungen sein, also eine E-Mail mit Anhang, Online-Bewerbungsformulare, richtige Online-Bewerbungssoftware (eine Weiterentwicklung des Formulars) oder auch digitale Bewerbungsmappen.

Unter Letzterem versteht man eine PDF-Bewerbung, die bei Bewerbungen in Deutschland vom Anschreiben bis zu den Zeugnissen alle Unterlagen in digitaler Form enthält; bei Bewerbungen im englischsprachigen Raum verschicken Sie – es sei denn, etwas anderes ist gefordert – nur den Lebenslauf und das Anschreiben.

Wie verbreitet ist die Internet-Bewerbung?

Sicher haben Sie selbst bereits die Erfahrung gemacht: Viele Unternehmen fordern Bewerber auf, Ihre Unterlagen per E-Mail einzusenden oder ein Online-Formular auszufüllen. Einige Firmen akzeptieren ausschließlich elektronische Unterlagen.

Darüber hinaus gibt es die Möglichkeit, eine digitale Bewerbungsmappe im Internet zu hinterlegen, beispielsweise in Online-Stellenmärkten oder auf Absolventenseiten im Internet. Dabei werden Formulare und andere Dokumente interessierten Arbeitgebern zur Verfügung gestellt.

Gerade der Anteil der E-Mail-Bewerbungen ist in den letzten Jahren deutlich gestiegen, laut einer Umfrage von Stepstone aus dem Jahr 2008 auf annähernd 60 Prozent. Damit liegt Deutschland allerdings noch ein Stück hinter anderen Ländern, wo E-Mail-Bewerbungen gut zwei Drittel ausmachen. Online-Bewerbungsformulare auf Websites von Unternehmen nehmen einen Anteil von 19 Prozent ein. Online-Bewerbungsformulare sind spe-

Bewerbungsform	2008	2006
E-Mail	58 %	39 %
Online-Formular	19 %	keine Angabe
Post	22 %	42 %

Quelle: Umfrage von www.stepstone.de, 2008.

zielle Eingabemasken von größeren Unternehmen oder Personalberatungen. Die Unternehmen bearbeiten solche Bewerbungen automatisiert mithilfe einer Software. Allerdings kostet die Implementierung eines solchen Bewerberprogramms einiges an Geld und setzt eine hohe Anzahl an Bewerbungen pro Monat voraus, damit sich das überhaupt lohnt. Deshalb werden Online-Formulare auch auf lange Sicht den Konzernen und Firmen mit mehr als 2.000 Mitarbeitern vorbehalten bleiben. Dort allerdings ist das Online-Formular inzwischen oft die einzig zulässige Bewerbungsform.

Eine gerade aufkommende mobile Bewerbungsform ist in ihrem Anteil am Gesamtbewerbungsaufkommen noch gar nicht messbar: die SMS-Bewerbung. Sie wird vor allem von Personalberatungen zur Gewinnung von gewerblichem Personal eingesetzt, teilweise aber auch von Werbeagenturen und kreativen Firmen. Hier sendet der Bewerber auf eine Anzeige hin einfach eine SMS und wird dann eingeladen. Einfacher geht's nicht.

Wann ist es sinnvoll, sich per E-Mail zu bewerben, und wann nicht?

In der Stellenanzeige steht die Post- und eine E-Mail-Adresse. Was mache ich nun?

Sie möchten schnell eine Internet-Bewerbung erstellen und wollen Schritt für Schritt wissen, was Sie tun müssen?

Klare Branchenkriterien? Die existieren längst nicht mehr. So ist mittlerweile auch in der als konservativ geltenden Baubranche die E-Mail-Bewerbung verbreitet. Nur noch wenige Unternehmen bevorzugen Unterlagen per Post. Am einfachsten für Sie ist es deshalb, wenn irgendwo klar geschrieben steht oder am Telefon gesagt wird, auf welchem Weg sich das Unternehmen die Zusendung der Unterlagen wünscht. Andernfalls müssen Sie sich auf eine mitunter aufwendige Suche nach Hinweisen machen. Die folgende Übersicht hilft dabei.

Was für und was gegen den Versand per E-Mail spricht

Argumente dafür:
- Im Text der Annonce steht, dass Bewerbungen per E-Mail bevorzugt werden.
- Im Stelleninserat ist neben der E-Mail-Adresse *(vorname.nachname@)* auch die Postadresse genannt.
- Auf den Karriereseiten im Internet betont das Unternehmen, dass es sich Bewerbungen per E-Mail wünscht.
- Die E-Mail-Adresse beinhaltet den Namen des Ansprechpartners *(peter.mueller@firma.de)*.
- Der Ansprechpartner ist offensichtlich ein Entscheidungsträger.

Argumente dagegen:
- »Bitte senden Sie Ihre vollständigen Unterlagen an …« Nach dieser Aussage folgt direkt die Postadresse.
- Bei der Lektüre der Stellenausschreibung im Internet entsteht der Eindruck, dass eine Bewerbung per Post gewünscht wird, weil überall ausschließlich postalische Adressen genannt sind. Ein weiteres Indiz ist, dass die E-Mail-Bewerbung gar nicht thematisiert wird.
- E-Mail-Adressen sind weder auf den Karriereseiten im Internet noch in der Anzeige genannt.

Wann sollten Sie sich per Online-Formular bewerben und wann nicht?

Es gibt nur einen Link auf ein Formular. Was soll ich tun?

Wenn es doch nur die E-Mail wäre … Bewerber werden aber oft direkt oder indirekt aufgefordert (Link auf »Online-Bewerbung«), ein Formular auszufüllen. Damit erleichtern sich die Unternehmen die Auswahlarbeit – Bewerber, die nicht 100-prozentig auf einen Job passen oder keinen Lebenslauf vorweisen können, der für einen großen Konzern geeignet ist (schnelles Studium mit gutem Abschluss, Praktika bei Großunternehmen, mehrere Sprachen, eventuell Spezialkenntnisse), können sich die Mühe sparen. Initiativbewerbungen per Online-Formular sind meiner Erfahrung nach sehr selten erfolgreich. Dies gilt vor allem für Bewerber, die keine extrem gefragten Qualifikationen vorweisen können, oder auch Absolventen. Hier ist es der weitaus erfolgversprechendere Weg, erst einmal einen Kontakt aufzubauen – etwa auf einer Messe – und Unterlagen dann per E-Mail an einen konkreten Ansprechpartner zu schicken.

Was für und was gegen den Versand der Online-Bewerbung spricht

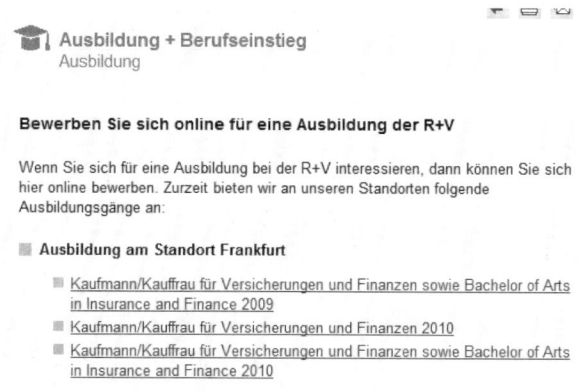

Hier ist es keine Frage: Das Unternehmen möchte, dass Sie sich über sein Formular bewerben.

Argumente dafür:

- In der Ausschreibung steht explizit: »Bitte bewerben Sie sich über unser Online-Formular.«
- Sie haben einen klaren Lebenslauf mit deutlichen Schwerpunkten sowie sehr gute Noten.
- Sie sind ein »High Potential«, also Absolvent mit überdurchschnittlichen Abschlüssen und erster Berufserfahrung.
- Es geht um eine Praktikantenstelle.

Argumente dagegen:

- Sie können Ihre Argumente in einer selbst gestalteten Bewerbung per E-Mail oder Post besser zum Ausdruck bringen.
- Es geht um eine Initiativbewerbung.

Schnellhilfe für E-Mail-Bewerbungen

Hilfe, ich soll meine Bewerbung per E-Mail schicken! Was muss ich da beachten?

Gehören Sie auch zu denjenigen, die bisher alle Bewerbungen per Post versendet haben? Weil Sie der Überzeugung sind, dass Bewerbungen auf Papier viel besser bei den Personalverantwortlichen ankommen? Aber jetzt möchte ein potenzieller Arbeitgeber Ihre Bewerbung über E-Mail haben. Und Sie stehen mit ganz vielen Fragen da. Klar können Sie E-Mails schreiben – doch eine Bewerbung schicken ist etwas anderes. Schließlich kann mehr schiefgehen, als Sie im ersten Moment denken.

Um bei der elektronischen Bewerbung Fehler zu vermeiden, beachten Sie bitte Folgendes:

Am Telefon

1. Klären Sie, an wen Sie die E-Mail schicken sollen. Das liest sich einfach, ist es aber nicht. Kommt ein Punkt zwischen Vor- und Nachname? Wie schreibt sich der Ansprechpartner? Sahin oder Salin? Meyer oder Meier? Hören Sie ganz genau hin. Lassen Sie sich den Namen am besten buchstabieren, wenn Sie es nicht gerade mit einem Herrn Müller zu tun haben.

2. Fragen Sie, in welchem Format Sie die Unterlagen versenden sollen. Ist PDF – ein Dateiformat, das von fast allen Computern gelesen werden kann – recht? Oder vielleicht doch lieber eine Word-Datei? Die Anforderungen der Personalentscheider unterscheiden sich manchmal. Ganz sicher wünschen sie sich aber keine exotischen Formate wie WPS (Microsoft Works). Davon sollten Sie in jedem Fall die Finger lassen. Übliche Regel: Unternehmen bevorzugen PDFs, Personalberater oder Headhunter oft das Word-Format, weil sie Ihre Dokumente anonymisieren und in eigenes Geschäftspapier oder eigene Vorlagen setzen.

3. Haken Sie telefonisch nach, wenn Sie nach dem Versand einer E-Mail innerhalb von einer Woche keine Eingangsbestätigung bekommen haben.

Am Computer

1. Schreiben Sie Ihren Lebenslauf und Ihr Anschreiben, oder ändern Sie Ihre Bewerbungstext-Vorlagen in Bezug auf das Stellenangebot, egal ob Sie für das Internet schreiben oder für den Versand per Post.

2. Lesen Sie sich Ihren Lebenslauf und das Anschreiben noch mal ganz genau durch. Am besten lassen Sie die

Bewerbung an	Gespräch vorab am	Ansprech-partner	Funktion	Telefon-nummer	E-Mail	Anspruch an Bewerbungen	Vereinbarung
Fa. Müller	30.01.2009	Rieke Meier	Personalleiterin	4053052930	meier@firma-m	PDF: Anschreiben und Lebenslauf	Antwort bis Mitte 2/2009
Otto	03.02.2009	Lars Hunger	Fachbereichsleiter Kundenservice	4053052931	lars.hunger@ott	PDF: Anschreiben und Lebenslauf	Antwort bis Mitte 2/2009

Eine Tabelle über die versendeten Bewerbungen empfiehlt sich, um jederzeit den Überblick zu behalten.

Dokumente von einem Bekannten auf Rechtschreib- und Tippfehler durchlesen.

3. Kopieren Sie den Inhalt des PDF-Anschreibens ab »Sehr geehrter« und schreiben Sie daraus eine komprimierte Kurzfassung, die Sie direkt in den E-Mail-Text setzen, den sogenannten Bodytext.

4. Setzen Sie Ihre Signatur unter die E-Mail. Falls noch keine Signatur gespeichert ist, schreiben Sie Ihren Namen, Ihre Anschrift, Ihre Telefonnummer und die E-Mail-Adresse unter den Text.

5. Wandeln Sie Lebenslauf und Anschreiben in eine PDF-Datei um (Adressen für PDF-Programme auf Seite 24), sofern Sie am Telefon nicht aufgefordert worden sind, ein Word-Dokument zu senden.

6. Speichern Sie Ihre Zeugnisse als PDF. Lassen Sie sich dabei ggf. von einem Profi in einem Copyshop helfen.

7. Fügen Sie alle PDFs in eines zusammen: 1. das Anschreiben, 2. der Lebenslauf, 3. Zeugnisse. So ist die Gliederung übersichtlich und in der richtigen Reihenfolge.

8. Überprüfen Sie, ob Sie die Funktion »Lesebestätigung senden« bei Outlook ausgeschaltet haben (unter »Optionen«)!

9. Sind die Anhänge »klein« genug, also nicht größer als ein Megabyte?

10. Schicken Sie die Bewerbung zunächst an eine Testadresse, die Sie zum Beispiel bei Web.de einrichten können. Wie kommt die Mail dort an? Achten Sie auf Ihren Absender und auf Formatierungen. Lassen sich die Anhänge öffnen?

11. Stimmt alles? Dann kann es losgehen: Schicken Sie die Mail an Ihren Ansprechpartner.

Muss ich meine Unterschrift einscannen und unter den Lebenslauf setzen?

Sie müssen nicht – es ist Geschmackssache. Ob eine Unterschrift auf einen elektronischen Lebenslauf gehört, ist umstritten. Jedenfalls gibt es keine Norm, die dies vorschreibt. Moderne Personaler legen wenig Wert darauf. Konservative sagen: »Mit der Unterschrift zeigt der Bewerber, dass er den Lebenslauf speziell für uns angefertigt und abgezeichnet hat. Die Unterschrift drückt Wertschätzung und Echtheit aus.« Wertschätzung machen Sie auch mit einer digitalen Unterschrift deutlich, als Echtheitszertifikat taugt sie allerdings nicht.

Svenja Hofert

—

SVENJA HOFERT | **karriere & entwicklung** | karriereberatung & coaching |

Palmaille 52| 22767 Hamburg
Tel 040-530 529 30 | Fax 040-530 52931
mailto:hofert@karriereundentwicklung.de http://www.karriereundentwicklung.de

---

NEUE BÜCHER VON SVENJA HOFERT

Im Oktober erscheint: Das Karrieremacherbuch. Erfolgreich in der Jobwelt von morgen.
http://www.eichborn.de/eb/eichborn/buecher/kategorie/berufsstrategie/titel/das_karrieremacherbuch-1/

Bei Outlook und Outlook Express können Sie Signaturen speichern, die sich jeder E-Mail automatisch anhängen. Bitte nutzen Sie keine elektronischen Visitenkarten.

Schnellhilfe für E-Mail-Kurzbewerbungen

Oft fordern Unternehmen einfach nur einen Lebenslauf und ein kurzes Anschreiben mit den wichtigsten Punkten. Manche nennen das auch Kurzbewerbung. Machen Sie sich zunächst klar, was in Ihrem Lebenslauf wirklich relevant ist und was Sie in einem Anschreiben besonders betonen sollten. Folgendes Formular soll Ihnen helfen, die Eckpunkte Ihrer Bewerbung erst einmal in Stichpunkten auszuarbeiten. Besonders wichtig ist dabei der Bereich »Meine persönlichen Qualifikation« und »Diese Fähigkeiten helfen mir direkt, die (neue) Aufgabe erfolgreich zu bewältigen«. Von Interesse sind auch

»relevante Erfolge«. Was hier steht, sollte den Kern Ihres Anschreibens bilden.

Formulieren Sie daraus dann ganze Sätze. Auf der Basis des Stichworts »hervorragende Branchenkontakte« könnten Sie beispielsweise folgenden Satz bilden: »Durch meine jahrelange Tätigkeit in der XYZ-Branche verfüge ich über exzellente Kontakte auf Entscheiderebene.« Auf der Basis Ihrer Notizen »Führungskompetenz« könnten Sie formulieren: »Derzeit leite ich ein schlagkräftiges Team von fünf Vertriebsmitarbeitern und zwei Marketingfachkräften.«

Was für ein Anschreiben wichtig ist

Mein berufliches Ziel & meine Motivation, warum ich mich bei diesem Unternehmen auf genau diese Stelle bewerbe

Meine fachlichen Qualifikationen
höchster Abschluss

Berufsausbildung/en

Studium

Berufserfahrung in Jahren

Spezialisierung auf …

weitere relevante Erfahrungen (zum Beispiel branchenbezogen)

Kontakte oder spezifisches Branchenwissen

relevante Erfolge (bei Führungs- und Fachpositionen sowie im Vertrieb und bei englischen Bewerbungen)

weitere relevante Kenntnisse

bekanntester Arbeitgeber

Meine persönlichen Qualifikationen
Diese Fähigkeiten helfen mir direkt, die Aufgabe erfolgreich zu bewältigen

1.

2.

Was für ein Anschreiben wichtig ist: Beispiel

Mein berufliches Ziel & meine Motivation, warum ich mich bei diesem Unternehmen auf genau diese Stelle bewerbe

Vertriebs- und Marketingleiter, möchte den nächsten Karriereschritt tun, international arbeiten

Meine fachlichen Qualifikationen

höchster Abschluss

Hochschule

Berufsausbildung/en

Industriekaufmann

Studium

Diplom-Betriebswirt

Berufserfahrung in Jahren

8

Spezialisierung auf …

Telekommunikation

weitere relevante Erfahrungen (zum Beispiel branchenbezogen)

Einführung von Displays und Aufstellern, Marketing am Point of Sale

Kontakte oder spezifisches Branchenwissen

Beste Kontakte zum Handel (Medi Markt etc.)

relevante Erfolge (bei Führungs- und Fachpositionen sowie im Vertrieb und bei englischen Bewerbungen)

20 % Umsatzsteigerung in 2008

weitere relevante Kenntnisse

verhandlungssicheres Englisch

namhafte Arbeitgeber

Nokia

Meine persönlichen Qualifikationen

Diese Fähigkeiten helfen mir direkt, die Aufgabe erfolgreich zu bewältigen.

1. hervorragende Branchenkontakte, guter Netzwerker

2. Führungskompetenz, Motivation von Teams mit bis zu 8 Personen

In eine Bewerbung umgesetzt, sieht das Ganze dann so aus. Schreiben Sie den Text in ein Word-Dokument und wandeln Sie dieses in eine PDF-Datei um. Eine Anleitung finden Sie auf Seite 25.

MARIE LUDWIG | Müllerstraße 3
78899 Stuttgart
Tel. 0162 / 11 111 222
Marcus.Ludwig@ludwig.com

Immo Real AG   München, 18.03.2009
Leo Larson
Finkenstr. 9
56772 Köln

BEWERBUNG – IHR INSERAT BEI WWW.MONSTER.DE

Sehr geehrter Herr Larson,

an der von Ihnen ausgeschriebenen Stelle als Marketingassistentin reizt mich die Möglichkeit, eigenverantwortlich und projektorientiert zu arbeiten. Zudem kann ich meine fließenden englischen Sprachkenntnisse mit meinem Wissen aus dem Bereich Real Estate verbinden.

Derzeit arbeite ich als Geschäftsführungsassistent für ein australisches Immobilien-Unternehmen, das Gewerbeimmobilien auf der ganzen Welt betreut. Ich bin für alle organisatorischen Fragen verantwortlich und habe den Bereich Marketing neu aufgebaut. Der Geschäftsführer lässt mir dabei sehr weitgehend freie Hand. So konnte ich zahlreiche Neuerungen durchführen, unter anderem einen Relaunch der Internetseite in Zusammenarbeit mit Agenturen. Auch einen Newsletter habe ich etabliert; inzwischen geht er an 10.000 Kunden. Für unsere innovativen Marketingmaßnahmen bekommen wir sehr viel positives Feedback von den Kunden. Die internetbasierte Vermarktung von Objekten konnte ich stark verbessern, und die Zugriffe auf unsere Website haben sich seit dem Relaunch Ende 2008 verdreifacht.

Ich habe meine derzeitige Aufgabe im Anschluss an mein Studium zum Bachelor of Arts Internationales Management (Universität Utrecht) angenommen, um internationale Berufserfahrung zu gewinnen und meine sprachlichen Fähigkeiten auszubauen. Nun möchte ich zurück nach Deutschland. Die Tätigkeit in Ihrem Unternehmen ermöglicht es mir, auf meinen Kenntnissen und Erfahrungen aufzubauen und mich auf den Bereich Marketing zu fokussieren.

Über ein persönliches Gespräch freue ich mich.

Mit freundlichen Grüßen

Marie Ludwig

Beispiel 1: PDF-Bewerbung, erste Seite

Henner Schultze
Dipl.-Betriebswirt (FH)

Seitenweg 99 | 88313 München
Tel. 089 111111111 | E-Mail: henner.schultze@test.de

Vogel Papier GmbH & Co KG
Geschäftsführung
Herrn Hans Mielke
Meierweg 5
88233 München

München, 16.01.2009

Bewerbung als Geschäftsführer Marketing/Vertrieb
Ihr Stellenangebot bei www.experteer.de

Sehr geehrter Herr Mielke,

in der ausgeschriebenen Position erkenne ich eine exzellente Übereinstimmung mit meinen Kompetenzen, Erfahrungen und vor allem auch meinen Karriereplänen.

Seit mehr als zehn Jahren leite ich nun Teams und Abteilungen und habe mich in verschiedenen Karriereschritten innerhalb eines Arbeitgebers in den Bereichen Marketing und Vertrieb persönlich und fachlich stets weiterentwickelt. Derzeit führe ich die Abteilung Marketing und Unternehmenskommunikation mit fünf Mitarbeitern. Ich berichte an den Geschäftsführer und liefere Vorlagen für unternehmerische Entscheidungen. Für Kunden und Medien bin ich oft der alleinige Ansprechpartner. In der Branche konnte ich so ein breites Netzwerk und belastbare Kontakte aufbauen. Die Chance, bei Ihnen nun die volle Verantwortung zu übernehmen, reizt mich sehr.

Ich bin für die von Ihnen beschriebenen Aufgaben durch meine Branchenerfahrung bestens gewappnet, Erfolge – sowohl im Vertrieb (u.a. Steigerung des Umsatzes) als auch im Marketing (Erhöhung der Kundenzufriedenheit auf den Wert 1,8) sprechen für sich. Als Diplom-Betriebswirt (FH) und Papiermacher vereine ich praktische Branchenkenntnisse mit betriebswirtschaftlicher Denkweise. Meine Leistungsorientierung zeigt sich beispielsweise auch daran, dass ich mein Studium 2005 neben meiner Leitungstätigkeit und ohne Reduzierung des Stundenumfangs bei meinem Arbeitgeber mit einer überdurchschnittlichen Note (2,2) abgeschlossen habe. Besonderes Wissen habe ich im Bereich des Internetmarketings im B2B-Bereich erworben und durch eine Qualifikation zum Online-Marketing-Fachwirt bei der deutschen Dialog Akademie formell unterstrichen. Mit diesem Wissen habe ich etwa einen Kundennewsletter etabliert und unser E-Mail-Marketing so optimiert, dass es in Fachzeitschriften (z.B. Acquisa) oft als beispielhaft vorgestellt wird.

Im Englischen bin ich verhandlungssicher, da ich auch derzeit international arbeite und mir zeitweise die Vertragsgestaltung oblag. Ich bin reisebereit und freue mich vor allem auch auf die Zusammenarbeit mit den Kollegen in der Geschäftsführung. Gemeinsam mit Ihnen möchte ich die Vogel Papier GmbH & Co. KG voranbringen und – neben vielem anderen – auch für die die digitale Zukunft rüsten.

Ich freue mich auf unser Gespräch.

Mit freundlichen Grüßen

Henner Schultze

Anlagen

Beispiel 2: PDF-Bewerbung, erste Seite

Perfekte E-Mail-Bewerbungen ohne virtuelle Kaffeeflecken

Es klingt so einfach – eine E-Mail mit Bewerbungsunterlagen zu verschicken. Oft aber machen Bewerber sich nicht viele Gedanken, wenn sie einen Text schreiben, den Lebenslauf anhängen und auf »Senden« klicken … Das Schreiben von E-Mails ist verbreitet, *professionelles* E-Mail-Schreiben leider nicht. Oft beherrschen es nicht einmal Firmenchefs und Sekretärinnen.

Während man die Kaffeeflecken auf Bewerbungen per Post deutlich sieht, fallen die Makel einer E-Mail-Be-werbung in der Regel nur dem Empfänger auf: der zerfetzte Text, das durch ein Fragezeichen ersetzte Eurozeichen oder das Bild, für das nur ein Symbol dasteht. Dies führt dazu, dass der Empfänger irritiert ist oder einfach nur einen schlechten Eindruck von Ihnen hat.

Sie sollten also wissen, wie E-Mails auf dem Weg durchs Internet in kleine technische Ungeheuer mutieren können und wo typische Fallen lauern.

E-Mail-Bewerbung im Überblick

Wir haben für die Aktualisierung dieses Buchs 25 Unternehmen angerufen und gefragt, wie sie Ihre E-Mail-Bewerbung denn am liebsten hätten. Das Ergebnis war eindeutig: Die Mehrzahl bevorzugt die digitale Bewerbungsmappe aus Anschreiben, Lebenslauf und Zeugnissen in einem einzigen PDF. Idealerweise ist dann das Anschreiben zusätzlich noch einmal gekürzt in der E-Mail zu finden. Die Signatur steht unter diesem Anschreiben, und die Mappe ist nicht größer als drei Megabyte. Etwa 30 Prozent der von uns befragten Unternehmen fanden es auch in Ordnung, wenn das Anschreiben nur in der E-Mail ist und nicht mehr separat als Anhang.

Ganz eindeutig war es jedoch so, dass keiner einzelne Dokumente wollte, da dies für die Personalabteilung sehr aufwendig ist: Jedes Dokument muss aufgeklickt und abgelegt werden. Bei manchmal 14 Anhängen und mehr kostet das viel zu viel Zeit.

Ihre ideale E-Mail-Mappe sieht also so aus:

E-Mail mit Kurztext des Anschreibens	PDF-Anhang mit einem eindeutigen Titel wie z. B. *bewerbung_hofert.PDF*

Der PDF-Anhang sieht so aus:

Anschreiben wie DIN-Brief formatiert	Lebenslauf auf maximal 3 Seiten, rückwärts chronologisch	Zeugnisse in der Reihenfolge des Lebenslaufs, also rückwärts chronologisch

Die 12 typischen Fehler und wie Sie sie vermeiden können

1. Die Bewerbung enthält Werbung

Die meisten Internet-Nutzer können perfekt surfen – rufen E-Mails aber ausschließlich internetbasiert ab, also direkt über E-Mail-Dienstleister wie Web.de, GMX, Google Mail oder einen anderen Freemail-Anbieter. Ein Nachteil eines solchen reinen Web-Postfachs liegt darin, dass ausgehende E-Mails mit Werbung versehen werden, sofern Sie sich nicht kostenpflichtig von der Werbung befreit haben. Ein weiterer liegt in der manchmal begrenzten Kapazität des Postfachs begründet. Oft haben Sie nur etwa 20 Megabyte (MB) zur Verfügung. Da manche E-Mails locker ein MB überschreiten, ist die Aufnahmefähigkeit, ohne zwischendurch zu löschen, recht schnell erreicht. Manch werbegeschädigtes Postfach wird sogar an einem einzigen Tag so sehr von E-Mails überschwemmt, dass nichts mehr reinpasst. Will Sie jemand erreichen, erhält er eine Fehlermeldung – auch das wirkt nicht sehr professionell und kann Minuspunkte für Ihre Bewerbung zur Folge haben. Oder auch zu der sicher extrem ärgerlichen Situation führen, dass Sie die Einladung zum Vorstellungsgespräch einfach verpassen …

Tech-Anleitung: E-Mails über ein E-Mail-Programm abrufen
Sichern Sie sich eine kostenpflichtige, werbefreie Adresse, oder rufen Sie Ihre E-Mails in einem separaten E-Mail-Programm auf Ihrem Computer ab. Auf jedem Windows-Rechner findet sich beispielsweise das kostenlose Programm Outlook Express.

In diesem Programm – wie auch in allen anderen – müssen Sie zunächst ein Konto einrichten. Dies funktioniert ähnlich wie ein Konto bei der Sparkasse. Um E-Mails »überweisen« zu können (und zu empfangen), müssen Sie bestimmte Daten parat haben:

- Ihren Benutzernamen (verwenden Sie auch zum Abruf von E-Mails im Internet)
- Ihr Passwort (verwenden Sie ebenfalls zum Abruf von E-Mails im Internet)
- den Namen Ihres POP-3-Servers, meist *pop3.anbie terxy.de* (so nennt sich der Computer, auf dem Ihre E-Mails eingehen)

- den Namen Ihres SMTP-Servers, meist *smtp.anbie terxy.de* (so nennt sich der Computer, der Ihre E-Mails herausschickt)
- die Information darüber, ob der Server eine Anmeldung über eine gesicherte Kennwortauthentifizierung oder Authentifizierung fordert oder nicht (gegebenenfalls ankreuzen, siehe Bild)

Diese Angaben erhalten Sie bei Ihrem E-Mail-Provider (etwa Web.de), der fast immer auch ausführliche Informationen für die Einrichtung im E-Mail-Programm bietet.

Wenn alle Daten korrekt eingegeben sind, sollte das Senden und Empfangen funktionieren. Schicken Sie eine E-Mail an einen Bekannten und bitten Sie um sofortige Rückantwort. Klicken Sie sodann auf den Button »Senden und Empfangen«, um neue E-Mails abzurufen.

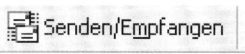

Tipp: Richtige Absenderinformationen liefern
Achten Sie darauf, dass Sie unter »Benutzerinformationen« Ihren vollen Vor- und Zunamen eintragen. Dies ist die Information, die der Empfänger beim Erhalt Ihrer E-Mail liest. Unter »Benutzerinformation/Name« sollten deshalb weder Kosenamen noch sonstige private Dinge stehen.

2. Die Absenderangaben sind unprofessionell

Der Absender von E-Mails lautet häufig GMX, Nickname oder z. B. Susanne ohne Nachnamen. Vielfach sind E-Mail-Adressen unprofessionell eingerichtet. Die Empfänger sehen statt Vor- und Zunamen des Bewerbers irgendwelche Begriffe, Codenamen oder gar Zahlenkombinationen. Den Bewerbern ist das oft nicht bewusst, da sie es selbst ja nicht sehen.

Von GMX? Wenn der Personalreferent so einen Absender sieht, ist er irritiert.

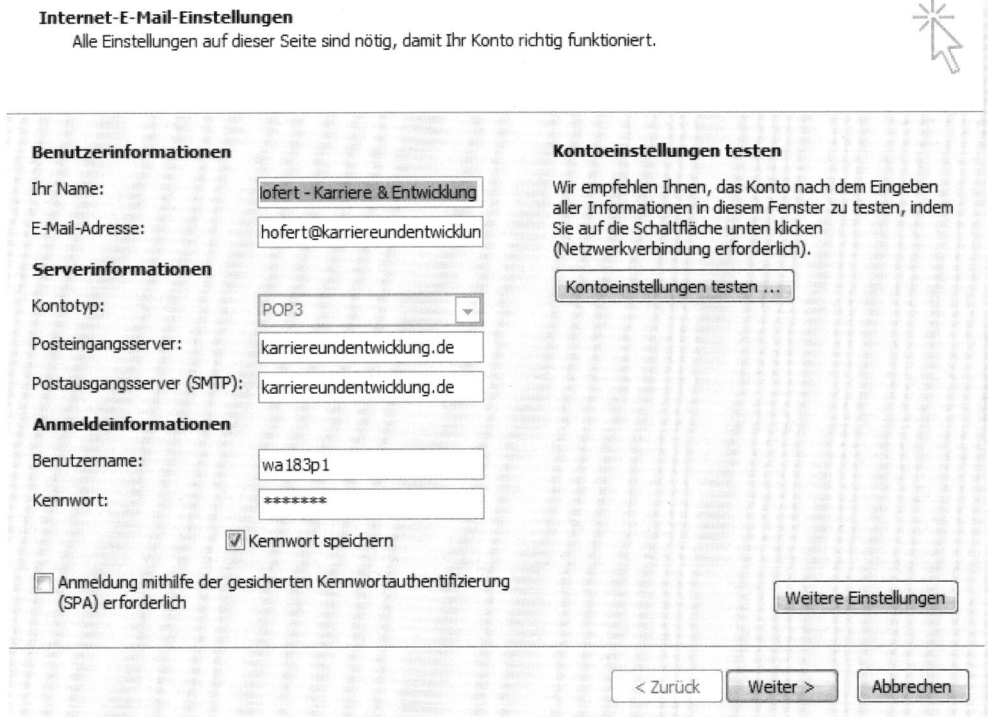

Machen Sie die Probe aufs Exempel. Am Beispiel Outlook Express: Wählen Sie den Menüpunkt »Extras« und dann »Konten«. Mit der Registerlasche »E-Mail« betätigen Sie den Knopf »Eigenschaften«. In der folgenden Ansicht sehen Sie unter »Name« das, was der Empfänger sieht, wenn er Ihre E-Mail bekommt. Hier sollte weder ein leeres Feld noch eine E-Mail-Adresse, sondern Ihr Vor- und Zuname stehen.

3. Die E-Mail-Adresse ist unangemessen

Beim Anmelden einer Adresse machen sich die wenigsten wirklich Gedanken, welche Konsequenzen ein Fantasie- oder Codename hat. Ein »familyundich« oder »karacho007«, ein »CDU1989« oder »susi40« vor dem @-Zeichen sind für professionelle Schreiben tabu.

Melden Sie gegebenenfalls eine neue Adresse mit Ihrem Vor- und Zunamen an. Ist dieser nicht mehr verfügbar, entscheiden Sie sich für folgende Kombinationen:

- Erster Buchstabe Vorname und Nachname
  (z. B.: *umueller@gmx.de*)
- Vorname Unterstrich Nachname
  (z. B.: *ursula_mueller@gmx.de*)

Darf ich jeden Provider verwenden?

Bestimmte Provider transportieren Images. Gehen Sie mit *@t-online.de* auf die Reise, drücken Sie damit gleich auch die Verbundenheit mit dieser Firma aus – was ja auch in Ordnung ist.

In Ihrem eigenen Interesse sollten Sie jedoch auf Adressen setzen, die Sie Ihr Leben lang oder zumindest eine Zeitlang behalten werden – auch dann, wenn Sie beispielsweise von T-Online zu AOL wechseln.

Hier haben sich sogenannte Freemail-Adressen von Anbietern wie Freenet.de, Web.de, Yahoo und GMX durchgesetzt – mit den oben bereits beschriebenen Nachteilen, die sich aber nur auswirken, wenn Sie E-Mails über das Internet verschicken. Domainadressen sind in Ordnung, wenn der Inhalt der Seite leer ist oder vorzeigbar. Sie müssen immer damit rechnen, dass der Empfänger durch Ihre E-Mail-Adresse angeregt wird, Ihre Website zu besuchen.

4. Die Betreffzeile ist nicht richtig ausgefüllt

Alles, was der Empfänger nicht kennt oder was ihm verdächtig erscheint, löscht er – aus Angst vor Spam, also unerwünschten E-Mails. Deshalb ist es nicht sinnvoll, werbliche Aussagen in die Betreffzeile »Subject« zu schreiben.

Fatal wäre es auch, ganz auf das Subject zu verzichten, denn dies gilt als Indikator für Spams schlechthin.

Schreiben Sie in die Betreffzeile, was sich in der E-Mail befindet. Normalerweise ist dies »Bewerbung als XX«, »Ihre Stellenanzeige in YY« oder »Lebenslauf wie besprochen – unser Gespräch von heute Mittag«.

5. Der E-Mail-Text ist unregelmäßig gesetzt

So ist zum Beispiel eine Zeile blau und in 14 Punkt und die nächste schwarz und in 11 Punkt formatiert. Das kann nur passieren, wenn Sie Ihre E-Mail vor dem Losschicken nicht richtig überprüfen.

Kontrollieren Sie Schriften und andere Einstellungen. Verzichten Sie auf Formatierungen, vor allem auf Tabellen, Farben, Bilder und Tabstopps, da diese Spamfilter-affin sind.

6. Die Anhänge lassen sich nicht öffnen

Viele Bewerber schicken Ihre Anschreiben und Lebensläufe in unüblichen und unbekannten Formaten wie WordPerfect oder Works. Das ist für den Empfänger noch komplizierter als Microsoft Word, das in den meisten Firmen wenigstens vorhanden ist, denn die Dateien lassen sich nur mit dem entsprechenden Programm oder einem Umwandlungsprogramm öffnen. Kein Personalreferent würde sich aber je die Mühe machen, sich einen Konverter (Umwandlungsprogramm) für eine Bewerbung zu beschaffen.

Schicken Sie Anhänge nur als PDF und nur nach Rücksprache und auf expliziten Wunsch als DOC-Datei (Word). Wie Sie PDF-Dateien erstellen können, lesen Sie ab Seite 23.

7. Die Anlagen sind gepackt

Es ist davon abzuraten, Daten zu packen: Der Personaler muss sich mit einem ZIP oder gar einer EXE-Datei auseinandersetzen. Das wird er sicher nicht tun, denn in den meisten Fällen ist er mit dem Mechanismus gepackter Dateien nicht vertraut.

Senden Sie E-Mail-Anhänge ungepackt als PDF.

8. Datenmonster: Der Anhang ist zu groß

Mehr als drei Megabyte muss keine E-Mail-Bewerbung umfassen, selbst wenn Sie Zeugnisse mitschicken. Unternehmen haben oft interne Grenzen, bis zu denen Sie E-Mails »durchlassen«. Diese liegen zwischen drei und fünf Megabyte. Wenn Sie Datenmonster schicken, kann dies also bedeuten, dass diese gar nicht ankommen. Prüfen Sie die Größe Ihrer Datei, bevor Sie sie abschicken. Klicken Sie dazu in der Dateiansicht mit der rechten Maustaste und wählen die den Menüpunkt »Eigenschaften«.

Tipp:
Scannen Sie Zeugnisse und Arbeitsproben als Strichzeichnung, das spart Platz und sorgt für kleine Dokumente.

9. Die E-Mail enthält keine oder falsch gesetzte Kontaktdaten

Da prangen Kontaktdaten über dem eigentlichen Anschreiben oder sind wie in einem Brief rechts über der Empfängeradresse platziert. Noch schlimmer: Unter dem Anschreiben steht nur ein Name, sonst nichts.

Unter die E-Mail gehört die vollständige Adresse inklusive aller Kontaktmöglichkeiten. Geben Sie also auch Ihre Telefonnummer (Handy und Festnetz) und Ihre E-Mail-Adresse an.

10. Die E-Mail erreicht den Empfänger nicht

Es ist schnell passiert: Es gibt einen Dreher in der Empfängeradresse, oder Ihnen fallen Zwischenbescheide wie »Mail Delivery« nicht auf. Solche Zustellprobleme (Mail Delivery failed) können auch zeitweise bestehen und müssen nicht bedeuten, dass die Adresse falsch ist.

Achten Sie auf Fehlermeldungen. Wenn Sie nicht sicher sind, ob die E-Mail angekommen ist, rufen Sie an.

11. Die E-Mail wird mit einer Empfangs- bestätigung verschickt

Outlook verführt dazu, Empfangsbestätigungen anzufordern. Wenn eine E-Mail eingegangen ist, soll der Empfänger dies mit einem Klick auf »Möchten Sie eine

Lesebestätigung absenden?« quittieren. Leider sind die Lesebestätigungen nicht mit allen Programmen kompatibel – bei mehr als 40 verschiedenen E-Mail-Programmen am Markt dürfen Sie nicht davon ausgehen, dass Ihr potenzieller Arbeitgeber das gleiche hat wie Sie. Zudem verursachen Bestätigungs-E-Mails zusätzlichen Aufwand und blockieren das Postfach.

Stellen Sie die Funktion »Empfangsbestätigung« bei Outlook aus.

12. In der E-Mail sind seltsame Zeichen zu sehen

Vor ein paar Jahren wurden oft noch die Umlaute durch seltsame Zeichenkombinationen ersetzt, inzwischen sind es hauptsächlich noch Sonderzeichen wie das Eurozeichen. Haben Sie Ihren Gehaltswunsch mit dem Eurozeichen und der Summe 40.000 beziffert, erhält der Empfänger möglicherweise die Botschaft 40.000 ? Der dem Computer unbekannte »Bytecode« wurde einfach ersetzt …

Schreiben Sie »EUR« oder »Euro«.

Tech-Anleitung: HTML oder Nur-Text?

E-Mails können Sie in zwei Formaten verschicken: als HTML und als Nur-Text (ASCII-Code). Nur-Text ist Text ohne jede Formatierung, weder fett noch kursiv. HTML ist die Sprache der Websites, entsprechend kann die Mail bunt und formatiert sein. HTML-Mails sind immer größer als Nur-Text-Mails und bergen eine kleine Virengefahr. Dennoch sind sie inzwischen verbreitet. HTML ist die Standardeinstellung in fast allen E-Mail-Programmen.

Wenn Sie Ihre E-Mail etwas ansprechender gestalten wollen (etwa mit fetten Passagen), senden Sie HTML-Mails, ansonsten Nur-Text. Verzichten Sie aber auch bei den HTML-Mails auf Bilder und auffällige Hintergründe. Verwenden Sie weder Tabellen noch Tabulatoren. Schicken Sie Ihre Mails so, dass sie auch als Nur-Text und mit anderen Schriften ansehnlich sind. Das ist wichtig, weil die E-Mail-Programmeinstellungen des Empfängers letztendlich darüber entscheiden, wie die E-Mail aussieht. Es kann also sein, dass Ihre Schrift beim Personaler durch eine Standardschrift ersetzt wird, was Sie nicht beeinflussen können.

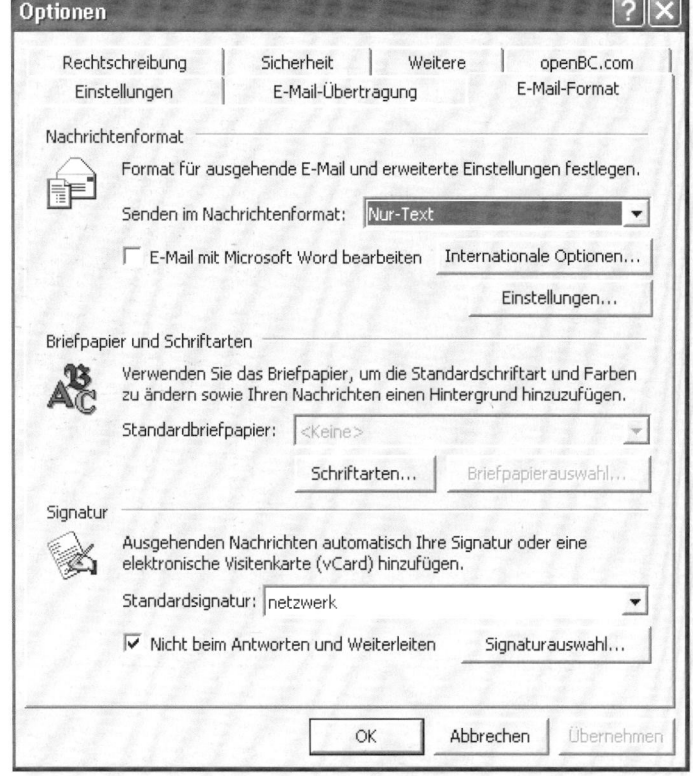

In dieser Maske stellen Sie ein, ob Sie E-Mails standardmäßig im HTML- oder Nur-Text-Format versenden. Die Option »Outlook Rich Text« ist nicht empfehlenswert.

Sehr geehrter Herr Meier,

über unser angenehmes Telefonat habe ich mich sehr gefreut. Sie haben mich bestärkt in dem Entschluss, mich bei Ihnen zu bewerben.

Nun möchte ich die Gelegenheit nutzen, Ihnen drei ganz unterschiedliche **Arbeitsproben** sowie meinen **Lebenslauf** zu schicken. Darunter ist:

- eine **Reportage**: Meditation als Mittel zur Mitarbeitermotivation (Medidation.PDF)

- ein **Servicebericht**: Tipps und Tricks zur Altersversorgung (Alter.PDF)

- ein **Feature** über Mode für Männer (Mode.PDF)

Ich wünsche Ihnen eine unterhaltsame und informative Lektüre und hoffe, bald wieder von Ihnen zu hören. Es wäre schön, wenn Sie mir bei dieser Gelegenheit bereits den Termin für ein persönliches Vorstellungsgespräch nennen können.

Freundliche Grüße

Rouven Berg

――

Rouven Berg – Im Beg 4 – 88832 Begande – Tel. 089-2131321312

Ein HTML-Anschreiben: Es beinhaltet als Formatierung die besondere Schrift (Tahoma), die Aufzählung, die Fettschrift sowie die in Hellgrau gedruckte Signatur.

Sehr geehrter Herr Meier,
über unser angenehmes Telefonat habe ich mich sehr gefreut. Sie haben mich bestärkt in dem Entschluss, mich bei Ihnen zu bewerben.
Nun möchte ich die Gelegenheit nutzen, Ihnen drei ganz unterschiedliche Arbeitsproben sowie meinen Lebenslauf zu schicken. Darunter ist:
eine Reportage: Meditation als Mittel zur Mitarbeitermotivation (Medidation.PDF)
ein Servicebericht: Tipps und Tricks zur Altersversorgung (Alter.PDF)
ein Feature über Mode für Männer (Mode.PDF)
Ich wünsche Ihnen eine unterhaltsame und informative Lektüre und hoffe, bald wieder von Ihnen zu hören. Es wäre schön, wenn Sie mir bei dieser Gelegenheit bereits den Termin für ein persönliches Vorstellungsgespräch nennen können.

Freundliche Grüße

Rouven Berg

–

Rouven Berg – Im Beg 4 – 88832 Begande – Tel. 089-2131321312

Durch einen Klick auf Nur-Text sehen Sie, wie die gleiche E-Mail unformatiert aussieht. Dies ist in dem Beispiel akzeptabel. Allein der Verlust der Aufzählungspunkte ist schade, doch immerhin bleibt die E-Mail gut leserlich.

Die perfekte E-Mail-Bewerbung

Die perfekte E-Mail-Bewerbung beinhaltet erst einmal keinen der oben genannten Fehler.

Ein weiterer Teil neben dem Lebenslauf enthält ein vollständiges Anschreiben, das wie ein Brief gestaltet ist. Das hat den Vorteil, dass das Unternehmen alle Unterlagen einfach ausdrucken kann. Und ein gesetzter Brief – wie im PDF-Format möglich – sieht nun einfach besser aus als eine E-Mail. Aber Vorsicht: Auf gar keinen Fall sollten Sie die eigentliche E-Mail deshalb leer lassen. Schreiben Sie eine verkürzte Version des Anschreibens oder setzen Sie den kompletten Text des Anschreibens unverändert in die E-Mail.

Die perfekte E-Mail-Bewerbung ist darüber hinaus eine *erwünschte* E-Mail-Bewerbung. Das bedeutet: Entweder geht aus der Anzeige oder aus dem Text auf der Website deutlich hervor, dass E-Mail-Bewerbungen willkommen sind, oder Sie haben zuvor mit dem Verantwortlichen gesprochen.

Das Hauptkriterium einer perfekten E-Mail-Bewerbung ist ihr Inhalt. Dieser muss stimmig sein und den Leser ansprechen. Gerade bei einer E-Mail bedeutet das: kurz und prägnant, denn lange Texte werden nicht gelesen.

Die wichtigsten Tipps für das Anschreiben

- Beziehen Sie sich auf die Anforderungen des Unternehmens.
- Bieten Sie dem Unternehmen Lösungen an.
- Versetzen Sie sich in den Leser: Was wünscht er sich, und was interessiert ihn?
- Nennen Sie nur in Bezug auf die Stellenausschreibung relevante Argumente und wiederholen Sie nicht Ihren Lebenslauf.
- Vermeiden Sie Konjunktive wie »würde ich gut passen« oder »würde mir gefallen«. Schreiben Sie selbstbewusst (»gefällt mir«).

So bereiten Sie Ihr Anschreiben vor

- Erstellen Sie zuerst eine Liste mit maximal sieben Argumenten, die Sie für die Stelle qualifizieren.
- Bringen Sie diese Argumente in eine Rangordnung.
- Überlegen Sie sich Belege für die wichtigsten Argumente (zum Beispiel konkrete Verkaufserfolge, Auszeichnungen).
- Denken Sie über einen Aufhänger nach: Womit können Sie in das Schreiben einsteigen und sofort die Aufmerksamkeit des Lesers gewinnen?
- Formulieren Sie Ihre wichtigsten Argumente.
- Fassen Sie die weniger wichtigen Argumente kurz zusammen.

Beispiel

1. Erfahrung im Vertrieb von Produkten, 5 Jahre
2. sehr gute Kenntnis der Softwarebranche
3. gute Kontakte auf höchster Ebene
4. Umsatzsteigerung letztes Jahr um 25 Prozent
5. Neuakquisition von Kunden (100 im letzten Jahr)
6. ausgeprägtes Verhandlungsgeschick
7. Englisch: fließend

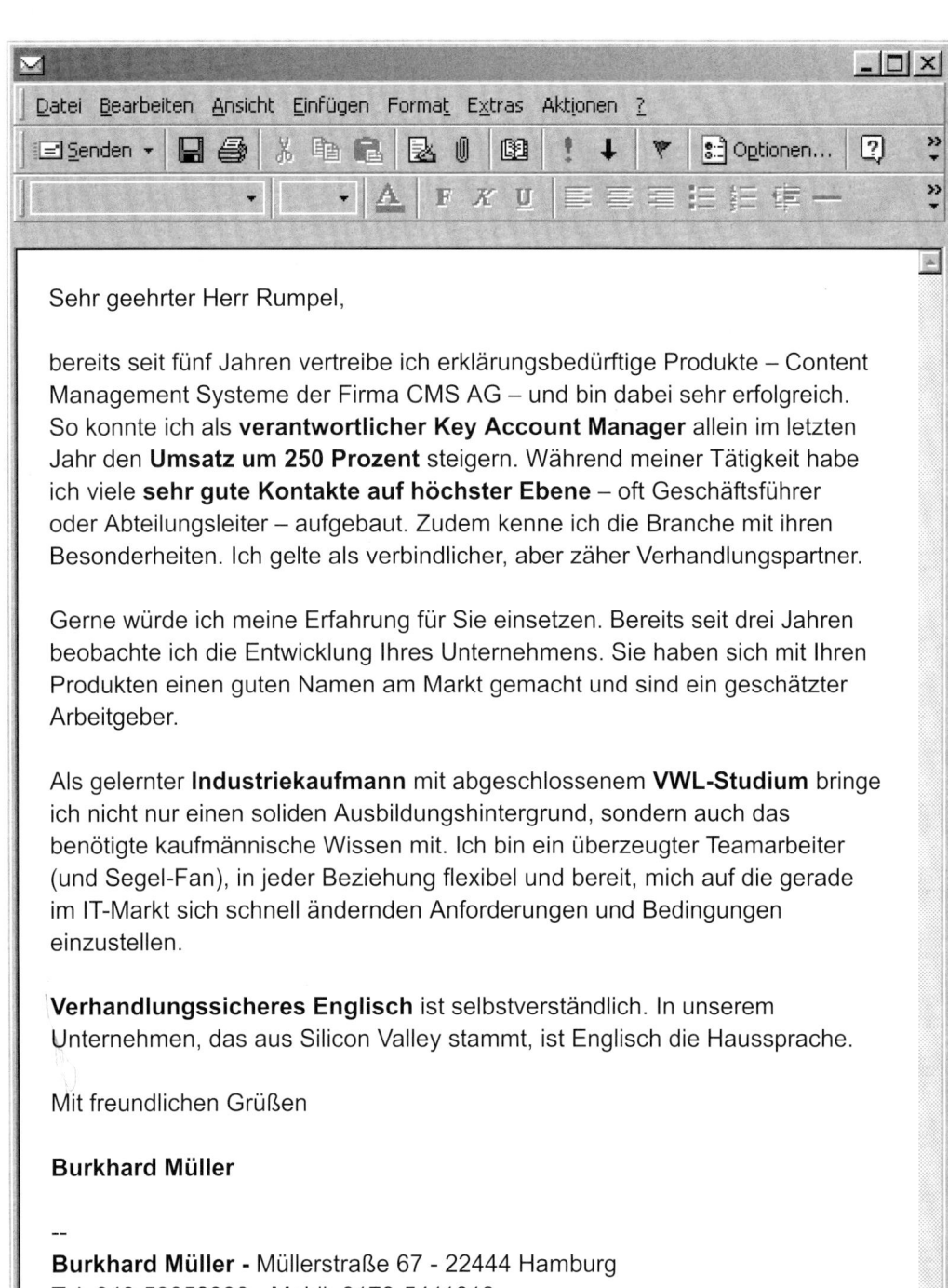

Sehr geehrter Herr Rumpel,

bereits seit fünf Jahren vertreibe ich erklärungsbedürftige Produkte – Content Management Systeme der Firma CMS AG – und bin dabei sehr erfolgreich. So konnte ich als **verantwortlicher Key Account Manager** allein im letzten Jahr den **Umsatz um 250 Prozent** steigern. Während meiner Tätigkeit habe ich viele **sehr gute Kontakte auf höchster Ebene** – oft Geschäftsführer oder Abteilungsleiter – aufgebaut. Zudem kenne ich die Branche mit ihren Besonderheiten. Ich gelte als verbindlicher, aber zäher Verhandlungspartner.

Gerne würde ich meine Erfahrung für Sie einsetzen. Bereits seit drei Jahren beobachte ich die Entwicklung Ihres Unternehmens. Sie haben sich mit Ihren Produkten einen guten Namen am Markt gemacht und sind ein geschätzter Arbeitgeber.

Als gelernter **Industriekaufmann** mit abgeschlossenem **VWL-Studium** bringe ich nicht nur einen soliden Ausbildungshintergrund, sondern auch das benötigte kaufmännische Wissen mit. Ich bin ein überzeugter Teamarbeiter (und Segel-Fan), in jeder Beziehung flexibel und bereit, mich auf die gerade im IT-Markt sich schnell ändernden Anforderungen und Bedingungen einzustellen.

Verhandlungssicheres Englisch ist selbstverständlich. In unserem Unternehmen, das aus Silicon Valley stammt, ist Englisch die Haussprache.

Mit freundlichen Grüßen

Burkhard Müller

--

Burkhard Müller - Müllerstraße 67 - 22444 Hamburg
Tel. 040-53052930 - Mobil: 0173-5411013
E-Mail: Burkhard.mueller@Mueller.de

Das perfekte Anschreiben per E-Mail:
Sauber formatiert, auf einer Bildschirmseite
lesbar, aussagekräftig und mit Signatur.

Burkhard Müller
Müllerstraße 67
22444 Hamburg

Tel. 040-53052930
Mobil: 0173-5411013
E-Mail: mueller@netzwerk-buero.de

Content AG
Klaus Rumpel
Daimlerstraße 4
23324 Kiel

04.05.2009

Key Account Manager – Ihre Stellenanzeige in den Kieler Nachrichten Online

Sehr geehrter Herr Rumpel,

bereits seit fünf Jahren vertreibe ich erklärungsbedürftige Produkte – Content Management Systeme der Firma CMS AG – und bin dabei sehr erfolgreich. So konnte ich als **verantwortlicher Key Account Manager** allein im letzten Jahr den **Umsatz um 250 Prozent** steigern. Während meiner Tätigkeit habe ich viele **sehr gute Kontakte auf höchster Ebene** – oft Geschäftsführer oder Abteilungsleiter – aufgebaut. Zudem kenne ich die Branche mit Ihren Besonderheiten. Ich gelte als verbindlicher, aber zäher Verhandlungspartner.

Gerne würde ich meine Erfahrung für Sie einsetzen. Bereits seit drei Jahren beobachte ich die Entwicklung Ihres Unternehmens. Sie haben sich mit Ihren Produkten einen guten Namen am Markt gemacht und sind ein geschätzter Arbeitgeber.

Als gelernter **Industriekaufmann** mit abgeschlossenem **VWL-Studium** bringe ich nicht nur einen soliden Ausbildungshintergrund, sondern auch das benötigte kaufmännische Wissen mit. Ich bin ein überzeugter Teamarbeiter (und Segel-Fan), in jeder Beziehung flexibel und bereit, mich auf die gerade im IT-Markt sich schnell ändernden Anforderungen und Bedingungen einzustellen.

Verhandlungssicheres Englisch ist selbstverständlich. In unserem Unternehmen, das aus Silicon Valley stammt, ist Englisch die Haussprache.

Mit freundlichen Grüßen

Burkhard Müller

*Dies ist das gleiche Schreiben als Brief,
im PDF-Format abgespeichert.
So wird es an die E-Mail angehängt.*

Die perfekte E-Mail-Bewerbung aus technischer Sicht

Bei der Auswahl des passenden Formats gibt es inzwischen kaum noch eine Frage: Es ist PDF. PDF-Dateien können sowohl von Macintosh- als auch von PC-Nutzern gelesen und erstellt werden. Sie speichern einen Brief oder Lebenslauf mitsamt seinem Layout – also beispielsweise auch mit dem Foto. Manipulationen am Briefinhalt sind möglich, aber nicht annähernd so einfach wie bei einer Word-Datei. Zudem sind PDF-Dokumente meist angenehm klein und umfassen nur wenige Kilobyte.

Gelesen werden PDF-Dateien mit dem Programm Acrobat Reader, das kostenlos im Internet erhältlich ist und sich auf annähernd 100 Prozent aller Rechner befindet.

Erstellt werden PDF-Dateien mit kostenloser oder relativ günstiger Software. Das Original-Programm Acrobat von Adobe ist mit rund 600 Euro allerdings recht teuer.

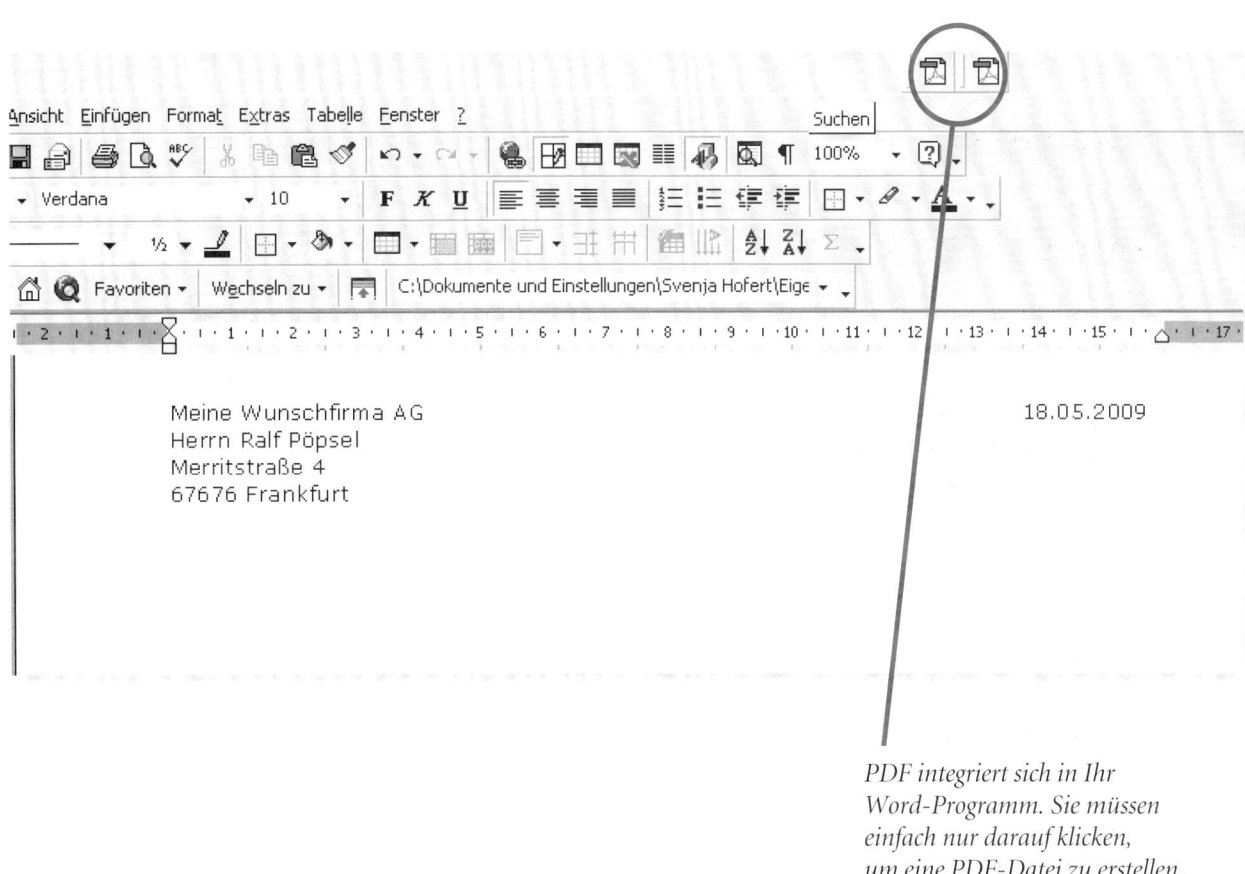

PDF integriert sich in Ihr Word-Programm. Sie müssen einfach nur darauf klicken, um eine PDF-Datei zu erstellen.

Inzwischen existieren zahlreiche günstige Alternativen zu Adobe Acrobat, die Sie teilweise kostenlos aus dem Internet herunterladen können. Eine Übersicht liefert die folgende Tabelle.

PDF-Programm	Beschreibung	Kosten	Webadresse
Acrobat	Standardprogramm zur Erstellung von PDFs	Vollversion Professional ab 599 EUR	z.B. über *www.softline.de*
Word2PDF	Zusatzprogramm zum Ghostscript, leider auf Englisch	kostenlos	*www.smile-to-me.de/download.htm*
PDFmailer	Programm zur einfachen Erstellung von PDF. Achtung: Die frei erhältliche Version enthält Werbung, ist für Bewerbungen nicht zu empfehlen.	ab 59 EUR (ohne Werbung)	*www.gotomaxx.com/html/de/ pdfmailer_standard*
PDFree	PDF-Programm, das sich als Drucker in Word einlinkt	kostenlos	*www.pdfree.de*

Tipp
Auf der Seite *www.pdfdrucker.de* sind weitere PDF-Programme beschrieben und vorgestellt.

Alternativen zu PDF-Dateien gibt es kaum. Aus Sicherheitsgründen kann von DOC-Dateien (Word) oder XLS (Excel) nur abgeraten werden: Diese Dateien lassen sich vom Empfänger zu leicht – absichtlich oder nicht – manipulieren. Außerdem können sie Viren transportieren. Outlook der Version 2003 (XP) löscht DOC und XLS zudem standardmäßig als nicht-sichere Anlagen. Dies können Sie selbst zwar anders einstellen – Sie wissen aber nicht, welche Einstellungen der Empfänger hat. Dennoch kommt es in der Praxis auch vor, dass ein Unternehmen – oft eine Personalberatungsfirma – im Einzelfall explizit nach Word-Dateien fragt. Diesem Wunsch sollten Sie natürlich nachkommen.

Nicht empfehlenswert sind JPG-Dateien, die häufig genutzt werden, um Zeugnisse zu übermitteln. Diese lassen sich in der Regel nicht im Originalformat auf einem DIN-A4-Blatt ausdrucken.

Sicher, aber nicht schön ist das Nur-Text-Format TXT (bei Word: speichern und dann das Format auswählen). Hier sind keinerlei Formatierungen möglich, nicht einmal fett und kursiv. Diese spartanischen Texte sind recht leseunfreundlich. Sicher trotz Formatierung

ist das Rich Text Format, das zudem von verschiedenen Textverarbeitungen gespeichert und gelesen werden kann. RTF erzeugt verhältnismäßig große Dateien. Anders als DOC können diese aber keine Makroviren enthalten, sind also sicherer. Doch auch RTF lässt sich manipulieren ... für jedes Drucken wird schließlich die Originaldatei aufgerufen, die sich dann absichtlich oder versehentlich verändern lässt (Schrift, Zeilenabstand).

Völlig tabu sind alle anderen Formate – darunter BMP, EXE, PPT (PowerPoint). Wenn Sie schon Multimedia einsetzen möchten, speichern Sie Ihre Bewerbung lieber auf einer CD (siehe Kapitel »Kreative Bewerbungen«). Vermeiden Sie auch andere exotische Formate wie WPS. Mit Discounter-PCs werden immer wieder sehr günstige oder kostenlose Office-Pakete von der Microsoft-Konkurrenz angeboten. Diese haben den Nachteil, dass sie so gut wie unbekannt sind. Ein Austausch von Dateien ist also nicht ohne Weiteres oder nur durch Umwandlung in ein PDF möglich.

Übrigens: Im OpenOffice-Paket *(www.openoffice.org)* ist bereits ein PDF-Umwandlungsprogramm integriert und der Download ist kostenlos.

PDF erstellen: So werden die Dateien klein und fein

Nicht mehr als drei Megabyte (MB) – so lautet die Devise. Und wenn es dann inklusive Zeugnisse 3,2 MB werden? Dann liegt dieser Wert gerade noch im vertretbaren Bereich – aber auch nur, wenn Sie zehn Seiten Anhang verschicken müssen. Oft lässt sich das reduzieren. Gefragt sind zunächst nur die wichtigsten Dokumente. Mehr MB allerdings müssen und dürfen es nicht werden. Auch wenn Sie Glück haben und Ihre Riesendatei schlüpft beim Arbeitgeber durch, weil dieser keine Größenbegrenzung (was bei den meisten Firmen üblich ist) aktiviert hat: Freude bereiten Sie mit Ihrer Dateibombe wahrscheinlich nicht. Zumindest die EDV-Abteilung ärgert sich. Und oft auch der Empfänger selbst, insbesondere wenn dieser kaum Ahnung von der Computerei hat. Nicht selten führen große Dateien zu Abstürzen, der Computer kann die Datei nicht vollständig abrufen, lädt und lädt … Der Ärger mit Ihrer Bewerbung fällt auf Sie zurück.

Wie groß eine Datei ist, sehen Sie direkt, wenn Sie ein Dokument an die E-Mail anhängen. Im Arbeitsplatz oder Explorer von Windows zeigt es Ihnen die rechte Maustaste (Menüpunkt »Eigenschaften«).

Größe:	441 KB (452.096 Bytes)
Größe auf Datenträger:	444 KB (454.656 Bytes)

So groß ist normal

Doch wie groß ist normal? Die folgenden Angaben sollen Ihnen helfen, die zu erwartende Größe einer PDF-Datei aufgrund ihres Inhalts einzuschätzen:

- reines Textdokument: ca. 3–4 Kilobyte/Seite
- Seiten mit Tabellen und/oder einfachen Grafiken (Skizzen, Schaubilder, Diagramme …): je Seite ca. 10–20 Kilobyte
- Seiten mit umfangreichen Vektorgrafiken: ca. 50–100 Kilobyte pro Seite
- Seiten mit großflächigen Bildern (Bitmaps): etwa 300–400 Kilobyte (mit einer breiten Streuung)

Diese Angaben gelten für Graustufen- oder Farbbilder. Bilder, die viele Details, scharfe Kanten, Tabellen oder Linien enthalten oder in sehr hoher Auflösung abgelegt sind (eine hohe Auflösung ist z. B. 300 dpi – dots per inch), können wesentlich größer sein. Dies gilt auch für Zeugnisse, die Sie samt Originalbriefpapier des Unternehmens, der Institution, Uni oder Schule abscannen.

Halten Sie sich zum Beispiel vor Augen, dass Standardpostfächer wie das von Web.de nur 20 Megabyte Platz haben. Mit einer E-Mail von 10 MB füllen Sie also das halbe Postfach. Wenn der Empfänger die Datei überhaupt abrufen kann … Vermutlich stürzt der PC vorher ab, es gibt Fehlermeldungen und viel Ärger. Nicht ausgeschlossen, dass der entnervte Empfänger die Datei ungelesen löscht.

Erstens:

Die richtigen Einstellungen im Originaldokument

Die Größe einer PDF-Datei beeinflussen Sie durch Einstellungen im Originaldokument – in der Regel also der Word-Datei – oder durch Modifikation der Konvertierungseinstellungen im PDF-Programm. Das Einfachste ist, direkt mit vernünftigen Ausgangsdateien zu arbeiten, also die Einstellungen im Originaldokument gleich richtig zu handhaben.

Kleine Textdokumente erzeugen

Verwenden Sie bei Word-Dokumenten – Anschreiben und Lebenslauf – möglichst wenige Schriften. Dies ist auch im Sinne der Lesefreundlichkeit: Weniger ist fast immer mehr. Maximal zwei Schriften pro Bewerbung. Gut machen sich vor allem unterschiedliche Schriften in Überschrift (z. B. Arial) und Fließtext (etwa Times New Roman).

Kleine Grafikdokumente erzeugen

Grafiken sind alle Dateien, die Sie einscannen. Dazu gehören also auch Zeugnisse, die Sie im ursprünglichen Layout kopieren. Ihr Scanner wandelt die Dateien automatisch in ein Grafikformat um. Typische Standardeinstellungen der mitgelieferten Programme sind BMP und JPG. Ersteres erzeugt große, unhandliche Dateien. Fast immer können Sie alternative Speicherformate wählen. Lesen Sie dazu die Bedienungsanleitung des entsprechenden Programms. Oft lässt sich schon beim Befehl »Speichern unter« auswählen, als was die Datei abgelegt werden soll.

Wählen Sie zunächst ein verlustfreies Grafikformat wie TIFF oder PNG (in der Regel über »Speichern unter«). Die so entstandenen Dateien sind allerdings verhältnismäßig groß. Um die Dateien später »internetklein« zu bekommen, empfiehlt sich die Umwandlung in JPG (Fotos) oder GIF (Logos und Strichzeichnungen, z.B. ideal für Zeugnisse). Diese Dateien reduzieren die Bilder und machen sie kleiner. Es ist besser, die Dateien erst einmal verlustfrei zu scannen und dann zu verkleinern. Wenn Sie dies einmal mit Ihrem Bewerbungsfoto ausprobieren, werden Sie sehen, dass es als JPG immer noch in sehr hoher Qualität vorliegt. Die Verluste sind mit dem bloßen Auge am Bildschirm kaum sichtbar – wohl aber im Ausdruck.

Zweitens:
Die richtigen Einstellungen im PDF-Programm
Zweite Ursache für zu große Dateien sind Einstellungen im PDF-Programm. Acrobat und andere Softwareprogramme klinken sich zudem automatisch in Windows-Programme wie Word und Excel ein. Das ermöglicht es Ihnen per Klick auf das entsprechende Symbol, PDF-Dateien zu erzeugen.

Dies ist einfach, aber nicht der beste Weg. Kleinere Dokumente erzeugen Sie direkt im Programm. Dazu öffnen Sie einfach die entsprechende Datei und speichern diese als PDF. Sie verhindern so auch unliebsame Überraschungen. So wandelt ein über Word erzeugtes PDF gerne Aufzählungspunkte und -striche in Symbole um. Außerdem können Zeilen abgeschnitten oder Buchstaben ersetzt sein. Auch diese Fehler verhindern Sie, wenn Sie direkt in Acrobat arbeiten.

Für die PDF-Umwandlung von Zeugnissen und Bewerbungsdokumenten, die sowohl zur Bildschirm- als auch zur Druckausgabe geeignet sein sollen, empfiehlt sich die pauschale Konvertierungseinstellung »eBook« (Acrobat 5) oder »Standardqualität« (Acrobat 6). Sie erreichen damit eine kleine Dateigröße bei optimaler Darstellungsqualität.

Haben Sie viele Seiten in Ihrem Dokument? Dann können Sie Ihre Datei vielleicht noch kleiner bekommen. Durch wiederholtes Speichern während der Bearbeitung einer PDF-Datei kann sich die Dateigröße erhöhen, da Änderungen beim Speichern an das Ende der PDF-Datei angehängt werden. Durch Verwenden des Befehls »Speichern unter« statt »Speichern« wird die PDF-Datei geglättet. Dabei entfernt Acrobat die gespeicherten Änderungen vom Ende der Datei und fügt sie direkt in den korrekten Seiten ein, wodurch die Datei verkleinert wird.

Tipp: Acrobat günstig kaufen
Manchmal können Sie bei Ebay ältere Versionen von Adobe Acrobat günstig ersteigern. Ab Version 4 lässt sich gut und professionell damit arbeiten. Achten Sie darauf, dass Sie eine Originallizenz und keine Raubkopie kaufen.

Professionelle E-Mails als Bewerbung versenden – so geht es über Outlook Express
1. Senden Sie die richtigen Absenderinformationen: Vor- und Nachname (siehe Seite 16).
2. Legen Sie eine Signatur fest, die unter jeder E-Mail erscheint. Die Signatur sollte Ihren Namen, Postadresse, Telefon und E-Mail enthalten. Verwenden Sie nur normale Buchstaben und Zahlen. Finger weg von Tabulatoren, Blocksatz oder anderen Versuchen, die E-Mail in eine bestimmte Form zu meißeln – sie kommt sicher so nicht an.
3. Wählen Sie einen aussagekräftigen Betreff, der aufgebaut ist wie der Betreff im Anschreiben (jedoch hier wie dort ohne das Wort Betreff oder die Abkürzung »Betr.«), der zudem nicht missverstanden werden kann und so zu unerwünschten Löschungen führt.
4. Schreiben Sie schlicht und ohne großartige Formatierungen. Rechnen Sie damit, dass der Empfänger Ihre E-Mail als Nur-Text erhält (siehe Seite 19).
5. Schicken Sie als Anhang eine »Mappe« mit allen Dokumenten. Wählen Sie aussagekräftige und wiedererkennbare Dateinamen wie »bewerbung_kmueller«.
6. Begrenzen Sie die Größe der angehängten Dateien auf insgesamt nicht mehr als 3 Megabyte. Die Größe zeigt Ihnen Outlook Express automatisch an.
7. Schreiben Sie immer einen Anschreiben-Text in die E-Mail selbst. Dieser sollte höflich mit »Sehr geehrte/r« beginnen und »Mit freundlichen Grüßen« aufhören. Bei sehr lockeren Unternehmen oder wenn es Ihr persönlicher Stil ist, mit dem Sie auch ein wenig aus dem Rahmen fallen wollen, kann auch mal ein »Hallo, Herr/Frau« oder »Guten Tag, Herr/Frau« angebracht sein.
8. Bei Gehaltsangaben (nur dann in das Anschreiben aufnehmen, wenn explizit gefordert und Bedingung für die Bewerbung): Tauschen Sie € gegen EUR, da € oft durch ein Fragezeichen ersetzt wird.
9. Verwenden Sie das »CC« (Carbon Copy) bewusst und richtig. Wenn Sie beispielsweise mit dem Geschäftsführer gesprochen haben, Ihre E-Mail dann

aber an den Fachabteilungsleiter senden sollen, adressieren Sie die Mail an den Fachabteilungsleiter und setzen den Geschäftsführer sichtbar ins »CC«. Sie können sich fast sicher sein, dass das den direkten (neuen) Ansprechpartner schnell zur Kontaktaufnahme mit Ihnen motivieren wird.

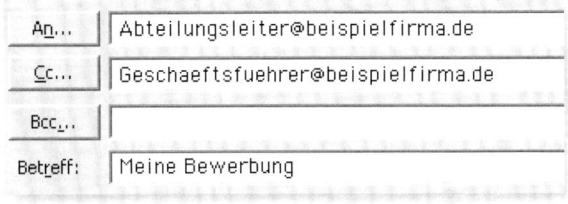

10. Verwahren Sie die E-Mail, damit Sie diese gegebenenfalls (etwa wenn die Mail verloren geht) unverändert noch mal schicken können.

Überblick: Die wichtigsten Fakten zur E-Mail-Bewerbung

1. Eine E-Mail-Bewerbung unterscheidet sich inhaltlich nicht von einer herkömmlichen Bewerbung. Jedoch sind die Formalia und technischen Details anders.

2. Schicken Sie die E-Mail mit einem E-Mail-Programm heraus, um angehängte Werbebotschaften auszuschließen.

3. Schicken Sie eine digitale Mappe aus Anschreiben, Lebenslauf und Anlagen im Format PDF.

4. Achten Sie auf aussagekräftige Dateinamen wie »bewerbung_svenneumann.PDF«.

5. Achten Sie darauf, dass Ihr Absender richtig angezeigt wird – am besten mit Vornamen und Nachnamen.

6. Achten Sie auf die richtige Anrede (»Sehr geehrter Herr Schneider«) – im Zweifel bitte lieber höflich-distanziert als zu locker (»Hallo«, »Lieber«).

7. Schicken Sie ggf. nur die wichtigsten Zeugnisse und Arbeitsproben nur dann mit, wenn explizit danach gefragt wird. Verlinken Sie auf Zeugnisse und andere Unterlagen, die Sie im Internet hinterlegt haben – auf einer Website oder in einem Verzeichnis.

8. Schreiben Sie eine Kurzversion des Anschreibens in die E-Mail selbst, wobei Sie Ihren Absender internetgerecht unter die E-Mail setzen.

9. Senden Sie zuerst eine Test-E-Mail an sich selbst oder an einen Bekannten. Kommt alles so an wie gewünscht? Überprüfen Sie Ihren eigenen Absender, die Formatierung und die Anhänge.

10. Gehen Sie nicht davon aus, dass die E-Mail auch ankommt – ein Großteil verschwindet im Nirvana des E-Mail-Postkastens oder wird als vermeintlicher Spam vorher abgefangen. Wenn Sie keine schriftliche Eingangsbestätigung erhalten, rufen Sie nach zirka einer Woche beim Unternehmen an und fragen Sie nach, ob Ihr Ansprechpartner auch alles erhalten hat.

Bestandteile einer perfekten Bewerbung

Eine E-Mail-Bewerbung ist also inhaltlich eine ganz normale Bewerbung. Aber was beinhaltet heutzutage eine »ganz normale« Bewerbung?

In Ihrer Bewerbungsmappe liegt das Anschreiben obenauf und damit an erster Stelle. Der Kern Ihrer Bewerbung ist jedoch der Lebenslauf – gerade bei E-Mail-Bewerbungen, denen keine Zeugnisse anhängen.

Das Anschreiben

Zum Anschreiben konnten Sie auf den vorangegangenen Seiten schon einiges lesen. Es hat die Funktion, Aufmerksamkeit zu wecken – vom ersten Satz an. Außerdem soll es Ihre Motivation darlegen, warum Sie sich auf diese Stelle bewerben. In keinem Fall darf das Anschreiben eine Wiederholung des Lebenslaufs sein. Reduzieren Sie sich auf die wesentlichen Aussagen.

Tipp
- Schreiben Sie nie mehr als eine Seite (PDF) beziehungsweise Bildschirmseite (E-Mail).
- Vermeiden Sie Floskeln wie »Hiermit bewerbe ich mich« oder »Ich zeichne mich aus durch …«.
- Schreiben Sie einen ersten Satz beziehungsweise Abschnitt, der interessant ist und den Leser »packt«.
- Formulieren Sie die wesentlichen Argumente – auf die Stelle bezogen.
- Gehen Sie auf alle Anforderungen im Stelleninserat ein.

- Betonen Sie Qualifikationen, Kenntnisse, Erfahrungen, Erfolge oder Kontakte, die andere Bewerber in dieser Form vermutlich nicht mitbringen.
- Belegen Sie Aussagen, anstatt nur zu behaupten. Beispiel: Woran misst sich Ihr Erfolg? Woran zeigt sich Ihre ausgewiesene Teamfähigkeit, das Verhandlungsgeschick, die Präsentationssicherheit?
- Schließen Sie mit einem motivierenden Satz und vermeiden Sie auch hier das »Übliche« wie »Über die Gelegenheit zu einem Vorstellungsgespräch würde ich mich freuen«. Beenden Sie das Anschreiben überraschend und individuell.
- Selbstverständlich, aber trotzdem nicht immer berücksichtigt: Schreiben Sie fehlerfrei. Schlafen sie eine Nacht drüber oder lassen Sie professionell Korrektur lesen. Dafür gibt es viele freiberufliche Lektoren, die auf Aufträge warten.

Der Lebenslauf

Der Lebenslauf wird oft nur überflogen und nicht gründlich gelesen. Was sind die wesentlichen Fakten, was zeichnet den Bewerber aus? Sie haben manchmal nur Sekunden Zeit, um die Aufmerksamkeit des Lesers zu gewinnen. Da ist es häufig nötig, Tricks anzuwenden.

Eine gute Möglichkeit besteht darin, die wichtigsten Fakten auf einem Deckblatt zusammenzustellen. Anstatt sich durch verschiedene Stationen zu hangeln, bekommt der Personalverantwortliche hier alles Wesentliche auf einen Blick präsentiert. Ideal, wenn Sie dieses Deckblatt mit Ihrem Foto versehen. Die wichtigsten Daten und Fakten werden durch einen visuellen Eindruck komplettiert.

Im eigentlichen Lebenslauf bieten Sie gegliederte und optisch gut voneinander getrennte Absätze an. Vermeiden Sie kleine Schriften mit Punktgrößen unter 11 (bei Schriften wie Arial und Tahoma, Verdana: unter 10). Die Regel, dass der Lebenslauf nur eine Seite umfassen darf, gilt schon lange nicht mehr. Selbst Uniabsolventen haben oft mehr beruflich relevante Stationen hinter sich, als auf eine DIN-A4-Seite passen. Berufserfahrene können sogar ohne Bedenken drei Seiten einreichen.

Gliedern Sie den Lebenslauf, indem Sie einzelne Abschnitte erstellen und optisch voneinander trennen:

- persönliche Daten (Name, Geburtsdatum und Ort, eventuell Staatsangehörigkeit)
- Berufspraxis, Werdegang, berufliche Entwicklung
- Studium und Ausbildung
- Auslandserfahrung
- Praktika
- Weiterbildung
- EDV-Kenntnisse
- Sprachen
- Ehrenämter
- Freizeitaktivitäten
- sonstige Kenntnisse

Männliche Bewerber sollten auch Wehr- oder Zivildienst angeben. Diese Information passt am besten hinter die Ausbildung, sollte sich aber vor allem auch chronologisch einfügen.

Überlegen Sie bei einem größeren Umfang Ihrer Vita, für bestimmte Angaben – etwa zu den technischen Kenntnissen – ein separates Blatt auszuarbeiten und beizulegen.

Tipp

Trennen Sie die inhaltlichen Blöcke nicht zu stark: Erstellen Sie lieber längere Blöcke mit einer durchgehenden Chronologie als zu viele kleine Abschnitte.

Je nach Qualifikation bieten sich weitere Bereiche an, etwa Zusatzqualifikationen oder Branchenerfahrung. Auch nebenberufliches Engagement darf in eine eigene Rubrik einfließen. Entscheiden Sie: Ist die entsprechende Aussage wichtig, um zu belegen, dass Sie für die Stelle geeignet sind? Unter Zusatzqualifikationen können Sie weitere, im Nebenberuf erworbene Kenntnisse oder Zertifizierungen fassen. Auch Wissen, das Sie sich autodidaktisch angeeignet haben, oder Know-how aus Seminaren kann hier einfließen. Dies ist beispielsweise dann strategisch sinnvoll, wenn Sie sich auf eine Position bewerben, die eine andere Grundausbildung fordert, als Sie vorweisen können.

Anforderungen an einen guten Lebenslauf

- Der Lebenslauf sollte ehrlich sein, also keine falschen Behauptungen!
- Er sollte lückenlos sein. Fassen Sie viele kurze Stationen wie verschiedene Jobs eventuell zusammen.
- Die berufliche Chronologie sollte sich auf den ersten Blick erfassen lassen. Reißen Sie Ihren Werdegang nicht auseinander.
- Jede Station sollte folgendermaßen beschrieben sein: Funktion, Firma, Ort, drei bis vier Tätigkeiten bzw. Verantwortungsbereiche. Handelt es sich um eine unbekannte Firma, sollten Sie diese kurz beschreiben und die Anzahl der Mitarbeiter nennen – das erlaubt dem Fachmann eine Einschätzung Ihres Aufgabengebiets.
- Bei Führungskräften außerdem angeben: Berichtspflicht an wen? Zahl der untergeordneten Mitarbeiter sowie Erfolge. Bei Vertrieblern: Zahlen zu Umsatz, Gewinn, Erfolgen.
- Der Lebenslauf sollte Zeugnisse nicht wiederholen, sondern Qualifikationen und Berufserfahrungen mit

allgemein verständlichen Worten beschreiben. Er sollte unternehmenstypisches Kauderwelsch und spezielle Berufsbezeichnungen aus den Zeugnissen übersetzen.

- Er zeigt berufsrelevante Kenntnisse auf.
- Er sollte Erfolge darlegen, wenn es sich um eine höhere Position und vor allem um Führungsaufgaben handelt.

Wenn Sie auffallen wollen, können Sie ruhig einmal »frech« werden. Damit machen Sie sich zwar nicht nur Freunde, und es ist möglich, dass Sie für arrogant gehalten werden. Die Chance, dass der Verantwortliche diese selbstbewusste Person kennenlernen will, steigt jedoch ebenfalls. Und das wollen Sie ja erreichen.

Also: Lieber ein paar Ecken und Kanten als zu viel »Mainstream«, der im Bewerbungsmeer untergeht.

Der chronologische Lebenslauf

Der chronologische Lebenslauf beginnt bei Ihrer Schulausbildung und endet mit Ihrer letzten beruflichen Station. Diese klassische Variante kommt vor allem in kon-servativen Branchen und im öffentlichen Dienst gut an, außerdem dann, wenn der Lebenslauf ein richtiger Werdegang ist – mit aufeinander folgenden Etappen.

Zudem kaschiert die chronologische Variante auf den ersten Blick Erwerbslosigkeit, da die letzte Tätigkeit auch zuletzt erwähnt wird. Die Verantwortlichen aus den Personalabteilungen sind allerdings darin geübt, Lücken aufzudecken.

Die Gefahr beim chronologischen Lebenslauf besteht darin, dass der Bewerber nicht auf den ersten Blick eingeordnet werden kann. Sie verhindern dies, indem Sie direkt auf der ersten Seite sagen, welchem Beruf Sie nachgehen und welches berufliche Ziel Sie anstreben.

Der rückwärts chronologische Lebenslauf

Rückwärts chronologisch oder retrograd – so sind die meisten modernen Lebensläufe aufgebaut. Sie beginnen mit der aktuellen Tätigkeit oder Position und arbeiten sich zurück zu Ihren beruflichen Anfängen (in der Regel der Ausbildung) und der Schule. Der Vorteil daran ist: Das Wichtigste steht damit an erster Stelle, Tätigkeiten von »Anno dazumal« erhalten geringeres Gewicht.

MARIE LUDWIG

Müllerstraße 3
78899 Stuttgart
Tel. 0162 / 11 111 222
Marie.Ludwig@ludwig.com

KURZPROFIL

- Bachelor of Arts Internationales Management
- Derzeit Geschäftsführungsassistentin eines Immobilienunternehmens mit Schwerpunktaufgaben im Marketing und Vertrieb
- Sehr gute Kenntnis der internationalen Immobilienwirtschaft
- Auslandserfahrung (Australien)
- Englisch fließend und verhandlungssicher

PERSÖNLICHE DATEN

- 18. Mai 1980 in Elmshorn
- Ledig
- Deutsche Staatangehörigkeit

Beispiel: Deckblatt

| MARIE LUDWIG | Müllerstraße 3
78899 Stuttgart
Tel. 0162 / 11 111 222
Marie.Ludwig@ludwig.com |

Curriculum Vitae

BERUFSPRAXIS

03/2006 bis heute

GESCHÄFTSFÜHRUNGSASSISTENTIN/PERSONAL OFFICER

Australian Real Estate Ltd, Melbourne/Australien

Tätigkeitsbeschreibung

- Eigenverantwortliche Büro- und Terminorganisation für den Geschäftsführer
- Marketing und Vertrieb: Führen von Kunden- und Verkaufsgesprächen, Betreuung und Abwicklung des Kaufs und Verkaufs von Immobilien
- Verschiedene eigenverantwortliche Projekte, u. a. Entwicklung einer Markenstrategie für das Unternehmen, Konzeption von Imagebroschüren und Relaunch des Internet-Auftritts
- Erfolg: Verdreifachung der Internet-Besucherzahlen nach Relaunch

STUDIUM

03/2003 bis 03/2006

Studium **INTERNATIONALES MANAGEMENT**

Universität Utrecht, Niederlande

- Schwerpunkt Sales und Marketing
- Abschluss als Bachelor of Arts (Note 1,1)
- Bachelor-Thesis: „Vermarktung von Geschäftsimmobilien im Internet" (Note 1,3)

1998 bis 2002

INTERNAT

Edelweiß Schule, Vorarlberg

- Wirtschaftszweig zur Vorbereitung auf das Abitur
- Abschluss mit Abitur

1990 bis 2000

Besuch der WALDORFSCHULE

Rudolf Steiner-Schule, Elmshorn

- Realschulabschluss

Beispiel: Lebenslauf, 1. Seite

MARIE LUDWIG	Müllerstraße 3 78899 Stuttgart Tel. 0162 / 11 111 222 Marie.Ludwig@ludwig.com

NEBENTÄTIGKEIT

2002 bis 2006

GRÜNDUNG und GESCHÄFTSFÜHRUNG

Immooffice.net

- Konzeptioneller und redaktioneller Aufbau des Portals
- Vermarktung und Vertrieb, Aufbau von Partnerschaften und Kooperationen
- Verkauf in 01/2008

PRAKTIKA

04/2004 bis 07/2004

Projektpraktikum Marketing

Motori GmbH

- Konzeptentwicklung für einen Markenrelaunch
- Planung operativer Maßnahmen für diesen Relaunch

EDV

Office

sehr gute Kenntnisse von Word, Excel, Access, PowerPoint, Lotus Notes

Webdesign

Dreamweaver

Net Objects Fusion

Kaufmännische Software

Navision (Finanzbuchhaltung)

SAP R/3 FI/CO und SD/MM

SPRACHEN

Englisch

fließend und verhandlungssicher durch aktuelle Auslandstätigkeit, TOEFL 103 Punkte (2007)

Französisch

Grundkenntnisse

Marie Ludwig, 18.03.2009

Beispiel: Lebenslauf, 2. Seite

Henner Schultze
Dipl.-Betriebswirt (FH)

Seitenweg 99 | 88313 München
Tel. 089 111111111 | E-Mail: henner.schultze@test.de

PROFIL

- Mehr als 10 Jahre Erfahrung in Leitungsfunktionen der Bereiche Marketing, PR und Vertrieb
- Persönlicher Hintergrund: Diplom-Betriebswirt (FH) und Papiermacher
- Spezialgebiet: Auf- und Umbau von Abteilungen sowie Durchsetzung von Veränderungsprozessen
- Umfangreiche Erfahrungen im Online-Marketing
- Sehr gute Kontakte zu Fachmedien und Großhändlern im Bereich Druck und Papier

PERSÖNLICHE DATEN

- Geboren am 2. September 1969 in Hamburg
- verheiratet, ein Sohn mit 11 und eine Tochter mit 9 Jahren

Beispiel: Deckblatt

Henner Schultze
Dipl.-Betriebswirt (FH)

Seitenweg 99 | 88313 München
Tel. 089 111111111 | E-Mail: henner.schultze@test.de

Lebenslauf

BERUFSERFAHRUNGEN

11/2003 – heute
Leiter Marketing und Unternehmenskommunikation
MachDruck AG
Verantwortungsbereich
- Zuständig für das gesamte Direkt- und Dialogmarketing, sämtliche Werbekampagnen, Online-Marketing, Messen und Events sowie das Produktmanagement B2B
- Pressesprecher (TV, Radio, Print) und Engagement in regionalen und branchenspezifischen Gremien
- Führung von verschiedenen Agenturen sowie Leitung eines Teams (fünf Mitarbeiter, zwei Azubis sowie eine wechselnde Zahl von Praktikanten)
- Bericht an die Geschäftsführung und Budgetverantwortung (im siebenstelligen Bereich)

Erfolge
- Eigenverantwortliche Entwicklung, Einführung und Etablierung einer eigenen Produktpalette für Unternehmen/Privatpersonen
- Relaunch und Etablierung einer Kundenzeitschrift (250.000er Auflage), Entwicklung und Einführung eines Newsletters für den Papiergroßhandel
- Entwicklung einer innovativen „No-Internet-Week" unter Einbindung von Partnern vor Ort und des Papiergroßhandels

12/1999 – 10/2003
Teamleiter Vertrieb
MachDruck AG
Verantwortungsbereich
- Aufbau einer neuen Vertriebsmannschaft
- Vertriebsteamleitung im Bereich Papiergroßhandel Baden-Württemberg (fünf Personen) mit Ausbau sowie Pflege der Kundenbeziehungen

Erfolge
- Erfolgreiche Umstrukturierung in eine schlagkräftige und erfolgsorientierte Vertriebsmannschaft unter anderem durch Einführung von qualitativen und quantitativen Zielvorgaben
- Steigerung der Abnahmemenge um bis zu 20 Prozent

Beispiel: Lebenslauf, 1. Seite

Henner Schultze
Dipl.-Betriebswirt (FH)

Seitenweg 99 | 88313 München
Tel. 089 111111111 | E-Mail: henner.schultze@test.de

10/1996 – 11/1994	**Mitarbeiter Marketing und Öffentlichkeitsarbeit**

MachDruck AG

- Aufbau eines Marketings in allen Bereichen: Direkt- und Dialogmarketing, Marktforschung, Werbung, Internet
- Pressesprecher und alleiniger Ansprechpartner für die Medien

10/1994 – 8/1993	**Papiermacher**

MachDruck AG

STUDIUM UND AUSBILDUNG

3/2000 – 3/2005   berufsbegleitendes **Studium der Betriebswirtschaft**

Fachhochschule München

- Diplomarbeit: Einführung eines Online-Marketings am Beispiel einer Papierfarbrik
- Abschluss als Diplom-Betriebswirt (FH), Note 2,2

8/1993 – 8/1990   **Ausbildung zum Papiermacher**

MachDruck AG

6/1989 – 7/1980   Gymnasium Wandsbek, Hamburg

- Abschluss mit der Fachoberschulreife

WEHRDIENST

6/1989 – 6/1990   Grundwehrdienst bei der Bundeswehr

- Mitglied im Bundeswehrorchester (Cello)

WEITERBILDUNGEN

Online-Marketing-Fachwirt (einjährige Qualifizierung der deutschen Dialog Akademie, Diplom erworben 2007)

Sowie laufend Inhouse-Trainings, darunter:
Führungskräftetrainings verschiedene Stufen
Verhandlungstechniken
Fortgeschrittene Rhetorik und Präsentationstechniken

Beispiel: Lebenslauf, 2. Seite

Henner Schultze
Dipl.-Betriebswirt (FH)

Seitenweg 99 | 88313 München
Tel. 089 111111111 | E-Mail: henner.schultze@test.de

SPRACHEN

Englisch	verhandlungssicher
Französisch	Schulkenntnisse

EDV

Office

MS Word	sehr gute Kenntnisse
MS Excel	gute Kenntnisse
MS PowerPoint	sehr gute Kenntnisse
CRM	Expertenkenntnisse (hauseigenes System)

SONSTIGES

Ehrenämter/Engagement	Vorsitzender des Marketing Clubs München
Weitere Kenntnisse	Aufbau von Netzwerken und Kontakten, regional und überregional
Fachwissen	Online-Technologien, Finanzmärkte, Basiswissen IFRS
Freizeitinteressen	Cello, Klavier, Joggen (Halbmarathon), Reisen (Galapagos-Inseln)

München, 16.01.2009

Beispiel: Lebenslauf, 3. Seite

Zusatzseiten

Erstellen Sie weitere Seiten – etwa eine Tabelle mit einer Übersicht Ihrer Kenntnisse, Ihrer Kompetenzen und/ oder Projekte. Auch diese wandeln Sie bei einer E-Mail-Bewerbung in PDF-Dokumente um. Mehr zu Zusatzseiten lesen Sie im Kapitel »Kreative Bewerbungen über das Internet« ab Seite 77.

Zeugnisse

Personaler erwarten in Deutschland von Ihnen Arbeits- und Abschlusszeugnisse (Schule, Ausbildung, Studium) der letzten zehn bis fünfzehn Jahre. Haben Sie studiert, reicht meist das Universitäts- oder Fachhochschulzeugnis, sofern Sie nach dem Studium Berufserfahrung gesammelt haben. Als Absolvent sollten Sie auch noch das Abizeugnis beilegen, sofern es vorzeigbar ist.

Ordnen Sie die Zeugnisse in der Reihenfolge, wie Sie die Tätigkeiten im Lebenslauf angegeben haben. Falls Sie die Unterlagen per E-Mail versenden, empfiehlt es sich, alle Zeugnisse in einer PDF-Datei abzulegen – andernfalls entsteht ein unübersichtlicher Anhang aus lauter verschiedenen Dateien.

Prüfen Sie, ob alle wirklich relevant sind. Sie müssen nicht jeden Computerkurs belegen.

Ich habe 20 Zeugnisse, die Datei wird größer als ein Megabyte – soll ich sie trotzdem verschicken?

Erkundigen Sie sich beim Personal- oder Fachverantwortlichen, ob eine Auswahl an Zeugnissen (die wichtigsten) ausreicht. Bieten Sie an, weitere Zeugnisse zum Vorstellungsgespräch mitzubringen.

Bewerbungen mit Online-Formularen

Fast jedes größere Unternehmen hat sie, und immer mehr Unternehmen akzeptieren ausschließlich diese Form der Bewerbung. Die Bewerbung mit Online-Formularen ist die beliebteste Bewerbungsform aus Unternehmenssicht. Es ist eine Art erweiterter Personalfragebogen.

Für die Unternehmen ist ein Formular das, was die Internet-Bestellung für Katalogversender wie Otto und Quelle ist: die Sparmöglichkeit schlechthin. Wenn Bewerber schon über das Internet ausgeschlossen werden können, bedeutet das erheblich weniger Kosten für Auswahl und Abwicklung. Je professioneller diese Auswahl, desto günstiger wird es letztendlich für Firmen. Deshalb sind Botschaften wie auf der Seite von Unilever – »Bitte bewerben Sie sich nur online« – äußerst beliebt und immer häufiger zu finden.

Dabei gibt es Unterschiede zwischen den einzelnen Möglichkeiten, sich online zu bewerben, die so groß sind wie zwischen einem klapprigen Fahrrad und einem Porsche. Auf der einen Seite finden sich einfache Formulare mit vielen Textfeldern, auf der anderen komplexe Softwarelösungen, die fast kleine Assessment-Center

sind. Die Grenze zwischen Online-Formularbewerbung und Assessment-Center online ist damit immer öfter fließend.

Der Trend ist jedoch: Je größer das Unternehmen ist, desto ausgefeilter ist sein Recruiting-Werkzeug. Lufthansa, McKinsey, Siemens: Sie investieren viel in die Entwicklung solcher Instrumente, da sie massenweise Bewerbungen bearbeiten müssen und damit ein immenser Kostenfaktor entsteht.

Die wichtigsten Fakten zur Bewerbung mit einem Online-Formular oder einer Software

1. Bewerben Sie sich nur über ein Online-Formular, wenn das Unternehmen Ihnen keine Alternative lässt oder Ihr Lebenslauf so interessant ist, dass Ihnen eine Einladung wahrscheinlich erscheint.
2. Online-Bewerbungen werden vor allem von größeren Unternehmen und Konzernen aus Kostengründen eingesetzt. Halten Sie sich das vor Augen. Es

geht den Unternehmen darum, Geld zu sparen und gleichzeitig kein Talent »vorbeiziehen« zu lassen. Wenn Sie nicht auf den ersten Blick vielversprechend wirken, werden Sie durch das Raster fallen.

3. Halten Sie Ihren Lebenslauf sowie Textbausteine für Ihr Anschreiben parat. Oft werden Sie Ihre Daten einfach nur durch copy & paste einfügen (also Kopieren und Einfügen über Steuerung und C sowie Steuerung und V).

4. Füllen Sie das Formular sorgfältig aus und nutzen Sie die häufig angebotene Gelegenheit, weitere Unterlagen – etwa den Lebenslauf und Zeugnisse – anzuhängen. Kontrollieren Sie Ihre Einträge und die Rechtschreibung, bevor Sie das Formular absenden.

5. Vergessen Sie auch nicht, sich über Freizeitaktivitäten und Ehrenämter zu äußern. Manchen Unternehmen ist dieser Punkt gerade bei Absolventen wichtig.

6. Machen Sie sich eine Kopie von der Bewerbung, um darauf im Vorstellungsgespräch zurückgreifen zu können. Speichern Sie dazu das Formular oder drucken Sie die Seite aus. Wenn das nicht geht (aufgrund besonderer Programmierung), fertigen Sie Bildschirmfotos an (Taste Druck betätigen, Word-Dokument öffnen, Tastenkombination Steuerung und V wählen, Word-Dokument drucken).

7. Sie bekommen eine Absage? Bewerben Sie sich wieder – dieses Mal auf anderem Weg. Suchen Sie idealerweise den direkten Kontakt, beispielsweise auf Messen.

Was ist Berufserfahrung?

Sie sollen im Formular Ihre Berufserfahrung darlegen? Gerade Absolventen tun sich oft schwer damit. Sie fragen sich, ob der Zwei-Stunden-die-Woche-Beratungsjob schon Berufserfahrung ist? Ja! Schreiben Sie alles hin, was relevant sein könnte, auch wenn der Umfang in Ihren Augen nicht nennenswert erscheint.

Textbausteine für die Online-Bewerbung sammeln

Bei Online-Bewerbungen greifen Sie immer wieder auf die gleichen Informationen zurück. Damit Sie das Rad nicht ständig neu erfinden müssen, sparen Sie sich dabei durch fertige Formulierungen, Datensammlungen und Stichwortübersichten viel Zeit und Mühe.

Da Unternehmen die Auswahl oft zumindest teilweise anhand von Stichwörtern und mithilfe von Software vornehmen, profitieren Sie, wenn Sie möglichst alle relevanten Suchwörter in der Bewerbung auftauchen lassen. Fertigen Sie dafür als Basis eine Stichwortsammlung an, die auch Synonyme Ihrer Tätigkeit und Ihrer Kenntnisse enthält. Beispiel: Wenn per Softwaresuchanfrage ein »Datenbankprogrammierer« gesucht wird, in Ihrem Formular aber nur »Oracle« steht, werden Sie nicht gefunden werden. Und umgekehrt.

Speichern Sie zudem alle individuellen Formulierungen, etwa auf relativ typische Online-Formular-Fragen wie »Warum bewerben Sie sich ausgerechnet bei uns?« Sicher sollten Sie immer individuell auf den Arbeitgeber eingehen – manchmal lässt sich aber ein Teil der gut durchdachten Worte auch für ein anderes Unternehmen verwenden. Für die reinen Lebenslaufdaten gilt das sowieso.

Als Ursprungsdokumente können Sie zu diesem Zweck ganz normale, unformatierte Word-Dateien verwenden. Kopieren Sie den gewünschten Text daraus mit Copy & Paste. Das geht am schnellsten mit der Tastenkombination Steuerung und C (Kopieren) und Steuerung und V (im Online-Formular einfügen).

Online-Bewerbungsformulare im Test

Jahrelang wurden Online-Bewerbungsformulare immer komplizierter und komplexer. Auf zehn Seiten verteilen sich manche dieser standardisierten Bewerbungen. Jeder Bewerber muss sich registrieren und oft erst einmal verstehen, welche Angaben die Unternehmen eigentlich von ihm wollen.

Da werden die gesamte Schulzeit, jede einzelne Studiennote, sämtliche Kenntnisse und sogar Gehaltsvorstellungen abgefragt. 45 Minuten verbringt ein unerfahrener Bewerber da schnell mit einer einzigen Bewerbung, etwa bei den sehr komplexen Formularen von Bosch oder auch Audi. Glücklicherweise haben viele Firmen erkannt, dass man so nicht mehr weitermachen kann, da gerade qualifizierte Bewerber davon abgeschreckt sind und spätestens nach dem ersten Absturz oft freiwillig auf die Bewerbung verzichten. Auch technisch ist nicht alles auf dem neuesten Stand.

Wir haben im Frühjahr 2009 einen Test von 20 Formularen unternommen und uns dabei speziell die bei Absolventen beliebten Firmen vorgenommen. Auf den nächsten Seiten lesen Sie die Testergebnisse von zehn Firmen. Dabei haben wir uns mit einem fingierten Lebenslauf vorgestellt, aber mit echten Kontaktdaten, um die Prozesse genau beobachten zu können. Der Kandidat war ein typischer Bewerber mit Studium (Bachelor) und Auslandserfahrung sowie Noten im oberen Drittel. Dass der genannte Bachelorabschluss ebenso wenig existiert wie der erfundene Arbeitgeber, fiel übrigens keinem einzigen Unternehmen auf.

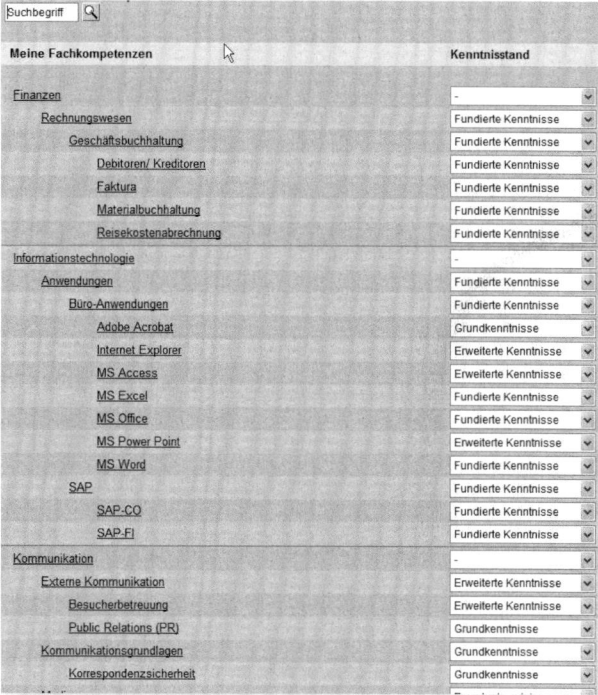

Das Bewerbungsformular von BMW fordert sehr umfangreiche und detaillierte Angaben, was sehr viel Zeit in Anspruch nimmt.

Bei unserem Test, den ein in Online-Bewerbungen unerfahrener Student durchführte, ging es um die Klärung der folgenden Fragen:

- Wie funktioniert die Internet-Bewerbung bei diesem Unternehmen?
- Wie gut sind die Formulare und Ausfüllhilfen?
- Wie reagieren Unternehmen auf Internet-Bewerbungen?
- Was sind die üblichen Schritte nach Versenden eines Formulars oder einer E-Mail?

Im Testverlauf notierte der Student viele technische Störfälle und Unzulänglichkeiten. So mussten Formulare oft neu geladen werden, wenn es einen Schritt in den nächsten Formularabschnitt ging. In vielen Formularen kam der Bewerber nicht einfach zurück, wenn er etwas verbessern wollte, oder verlor beim Klick auf den Rückwärtspfeil im Browser seine vorherigen Einträge. Dies alles sind technische Dinge, die Firmen recht einfach abstellen könnten, um ihren Bewerbern mehr Komfort zu bieten. Warum tun sie es nicht?

Dennoch gibt es einen deutlich spürbaren Trend zur Vereinfachung der Formulare. Immer öfter sind diese nur noch auf einer einzigen Seite untergebracht, auf der wenige Angaben und ein Upload der Dokumente erforderlich sind. Hier haben Unternehmen sich dem anglo-amerikanischen Stil angepasst und erkannt, dass weniger oft sehr viel mehr ist. Solche angenehm einfachen Formulare fanden sich etwa bei Lidl (*www.lidl.de*) oder Coca-Cola (*www.cocacola.de*). Auch Siemens ist auf einem guten Weg: Das Formular ist sehr komfortabel, mit viel Freitext, und es wird nur das Allernötigste direkt abgefragt. Außerdem gibt es wenig Wartezeit, weil nicht ständig neue Formulare geladen werden müssen.

Dass Unternehmen bei dem Versuch, jeden Bewerber umfassend zu beschreiben, immer Fehler machen, beweisen alle komplizierten Formulare im Test. Sie zeigen: Niemand kann in Auswahlfeldern wirklich alles berücksichtigen. Untypische Abschlüsse passen oft nicht in die vorgegebenen Auswahlfelder. Und manchmal kann ein Bewerber nur zwei Berufserfahrungen nennen. Für spezielle Erfahrungen ist teilweise kein Platz. Auffallend war ein Fehler bei TUI: Hier gibt es keinen Bachelor in der Liste der Abschlüsse, was im Jahr 2009 nun wirklich nicht mehr vorkommen sollte.

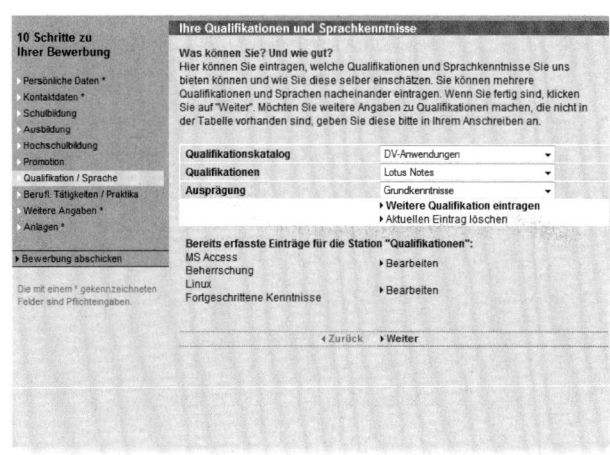

Bei Bosch wird alles ganz detailliert abgefragt – mindestens 30 Minuten Aufwand.

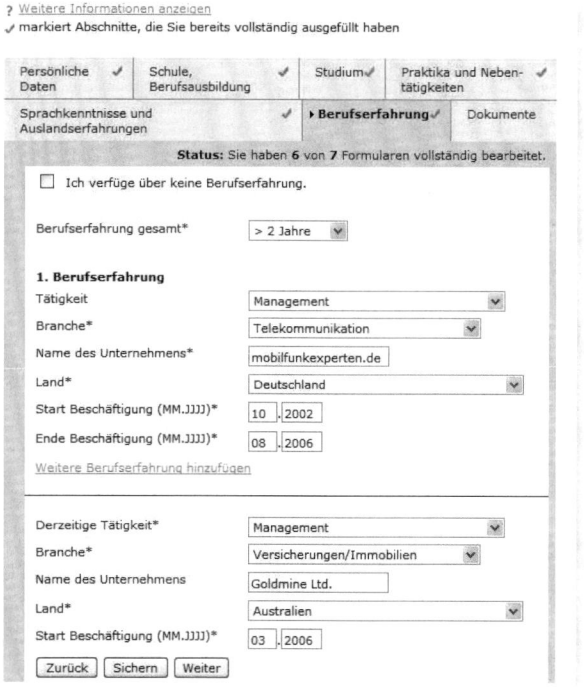

TUI kennt keine Bachelor-Absolventen und stürzte im Test ab.

Aus den Erfahrungen mit den Online-Formularen leiten wir folgende Tipps und Empfehlungen ab:

- Legen Sie vorher Ihren Lebenslauf in einer Langversion mit detaillierten Angaben bereit. Es wird oft nach Noten gefragt und sehr oft sogar noch nach der Abinote. Auch die Vordiplomnote will man wissen.
- Vielfach wird von Absolventen noch das Abiturzeugnis verlangt. Halten Sie es bereit.
- Auswahlfehler lassen oft wenig Auswahl. So gibt es teilweise nur geringe Abstufungen. Wenn Sie nur zwischen Englisch verhandlungssicher und Englisch Grundkenntnisse entscheiden können, wählen Sie die höhere Stufe. Andernfalls könnte es sein, dass man Sie durch diese Auswahl schon automatisiert aussortiert. In vielen Formularen sind zwei bis drei Auswahlkriterien hinterlegt. Wenn Bewerber diese nicht erfüllen, gibt es eine Absage. Dies können Sie leider nicht sehen, und Unternehmen geben das auch selten offen zu.
- Nennen Sie möglichst alle Synonyme und Schreibweisen, gerade auch im technischen Bereich. Es kann sein, dass danach ausgewählt wird. Und wenn Sie DBA schreiben, aber Datenbankadministration gesucht ist, fallen Sie eventuell raus.
- Seien Sie vollständig bei Ihren Angaben!
- Nutzen Sie Freitextfelder. Schreiben Sie dort ausformulierte, ansprechende Texte rein!
- Wenn Sie nach Ihrer Motivation, sich zu bewerben, gefragt werden, wiederholen Sie auf keinen Fall Ihren Lebenslauf – sagen Sie, was Sie wollen, wünschen, was Sie antreibt!

Siemens: Nur das Nötigste wird direkt abgefragt, und das Formular platziert alle Fragen auf einer Seite: Für Bewerber ist das viel angenehmer, als sich durch zehn Schritte oder diverse Unterpunkte zu quälen.

Coca-Cola: Ganz simpel und schnell, so müssen Internet-Bewerbungen sein!

Unternehmen/ Website	Eingangsbestätigung	Ausfüllen des Formulars	Absage/Einladung innerhalb von 14 Tagen	Auffälligkeiten
www.audi.de Testdatum: 06.02.2009	• umgehend, maschinell • Zugangsdaten für das Bewerberprofil • Telefonnummer • ohne persönlichen Ansprechpartner • 11.02.09: E-Mail von Fr. Wehner, Personalwesen • Bitte um Geduld • keine Telefonnummer, aber persönliche E-Mail-Adresse	• Dauer: 35–40 Min. • logische Abfrage, aber viele einzelne Schritte • Angabe aller Daten auf den Tag genau • z.T. etwas unkomfortabel (wenn ein Häkchen fehlt, werden Daten nicht genommen, kein Hinweis)	16.02.09: Absage: andere Bewerber passen besser, wir würden uns freuen, wenn Sie sich wieder bewerben, ein Teil der Daten wird zu statistischen Zwecken gespeichert	• Formular etwas versteckt • bei allen Punkten Wahl zwischen vorgegebenen Feldern und frei auszufüllenden Textfeldern
www.bmw.de Testdatum: 06.02.2009	• umgehend, maschinell • Zugangsdaten für das Bewerberprofil • kein persönlicher Ansprechpartner • kurz darauf zweite Nachricht mit der Bitte um Geduld • Nachrichten zusätzlich in einem Postfach im Bewerberprofil	• Dauer: gut 30 Min. • klar strukturiert, einzugebende Felder können pro Bereich im Voraus selektiert werden • für manche Positionen wird die Bewerbung ohne Anhänge (Zeugnisse usw.) nicht akzeptiert	nein	• alle Angaben werden mit Drop-down-Listen gemacht • einziger Freitext ist das Anschreiben • Feedbackformular bezüglich der Online-Bewerbung
www.tui.de Testdatum: 11.02.2009	• nach wenigen Min., maschinell • extra Bewerbernummer für jeden Standort/Geschäftsbereich • keine Zugangsdaten • kein persönlicher Ansprechpartner	• Dauer: ca. 30 Min. • übersichtlich in Registerkarten • nicht Zutreffendes kann ausgeblendet werden • Liste der Studienrichtungen völlig unsortiert • bei Berufserfahrungen u. Ä. nur sehr grobe Angaben möglich, z. B. keine Stellenbezeichnung • nach dem Erstellen des Bewerberprofils soll man sich damit auf Stellen bewerben, es erscheinen aber keine Stellen	nein	• Bachelor kommt nicht in der Liste der Hochschulabschlüsse vor • Formular ist einmal abgestürzt
www.bosch.de Testdatum: 11.02.2009	• einen Tag später • Ansprechpartner, persönliche E-Mail-Adresse und Durchwahltelefonnummer • Inhalt: Bewerbernummer	• Dauer: gut 30 Min. • logisch aufgebaut, jeder Schritt sehr ausführlich erklärt • nervig: Eingabe der Fähigkeiten geht über drei Drop-downs, jedes Mal ganz von vorn • nervig: Pop-up mit der Warnung vor nicht sicheren Inhalten bei jedem Klick • Angaben können nur sehr grob mit vorgegebenen Listen gemacht werden (v. a. bei »Berufserfahrungen«) • Freitext beschränkt sich auf 200 Zeichen ganz am Schluss • kann ohne Anlagen nicht abgeschickt werden	nein	• zu Beginn muss man sich für bis zu drei Standorte/Geschäftsbereiche entscheiden • keine Zwischenspeicherung möglich: falls man das Formular versehentlich schließt, muss man noch mal von vorne beginnen

Unternehmen/ Website	Eingangsbestätigung	Ausfüllen des Formulars	Absage/Einladung innerhalb von 14 Tagen	Auffälligkeiten
www.ibm.de Testdatum: 11.02.2009	(die Bewerbung wurde nicht abgeschickt, weil in der Übersicht am Schluss der Pfad der Anlagen zu sehen war, mitsamt den tatsächlichen Namen drin …)	• Dauer: gut 30 Min. • logisch aufgebaut und komfortabel, allerdings etwas lange Ladezeit je Seite • Schule, Studium und Berufserfahrung auf einer Seite • alles außer Daten und Art der Abschlüsse mit Freitextfeldern	nein	• Gehaltsvorstellung muss angegeben werden • Pflichtfelder (Freitext) für: • Motivation für die Bewerbung und Erwartungen • besondere Fähigkeiten und Eigenschaften • welche Technologien interessieren Sie • Anlagen: tabellarischer Lebenslauf, Schulabschlusszeugnis, Vordiplomszeugnis, Diplomzeugnis sind Pflicht • kein Zwischenspeichern möglich
www.siemens.de Testdatum: 13.02.2009	• nach wenigen Min., automatisch • unpersonalisierte allgemeine E-Mail-Adresse	• Dauer: knapp 30 Min. • sehr komfortabel • viel Freitext • nur das Allernötigste wird direkt abgefragt • wenig Wartezeit, weil nicht ständig neue Formulare geladen werden müssen • bei der Eingabe der Telefonnummer hat das Format rumgemeckert, weil sich als Land »Dänemark« eingeschlichen hatte	nein	• Gehaltsvorstellung muss angegeben werden • keine Zwischenspeicherung möglich
www.guj.de Testdatum: 13.02.2009	• umgehend, maschinell • Zugangsdaten • umgehend zweite E-Mail: Bitte um Geduld • persönliche E-Mail-Adresse	• Dauer: ca. 15 Min. • sehr komfortabel • Rahmendaten mittels Drop-down-Listen, nur ungenaue Angaben möglich • keine Freitextfelder außer Anschreiben • alles andere über Uploads	Absage am 18.02.2009: kurz und knapp, wir können Ihnen nichts anbieten und wünschen Ihnen für die Zukunft alles Gute	
www.kpmg.de Testdatum: 13.02.2009		• Dauer: knapp 30 Min. • logisch aufgebaut • Registerkarten • viele einzelne Schritte • überall Auswahl aus Drop-down-Listen und zusätzliche Freitextfelder	nein	• Gehaltsvorstellung muss angegeben werden • keine wirkliche Initiativbewerbung, sondern ein Bewerberprofil, mit dem man sich dann auf Stellenanzeigen bewerben soll

Unternehmen/ Website	Eingangsbestätigung	Ausfüllen des Formulars	Absage/Einladung innerhalb von 14 Tagen	Auffälligkeiten
www.adidas.de Testdatum: 13.02.2009	• umgehend maschinell • Zugangsdaten • unpersonalisiert	• Dauer: gute halbe Stunde • logischer Aufbau mit Registerkarten • Angaben nur über Drop-down-Listen möglich, keine Freitextfelder, Angaben nur sehr ungenau	nein	• es können höchstens zwei Berufserfahrungen angegeben werden • es wird nicht nach Schulabschlüssen gefragt • Bewerberprofil wird für eine oder mehrere ausgewählte Region(en) (Europa, Amerika oder Asien) aktiviert und kann außerdem zur Bewerbung auf ausgeschriebene Stellen benutzt werden
www.cocacola.de Testdatum: 13.02.2009	• umgehend maschinell • Bitte um Geduld • allgemeine E-Mail-Adresse	• Dauer: 5 Min. • es müssen lediglich Angaben zur Person, zum Eintrittstermin und zum Schulabschluss gemacht werden • Möglichkeit für Uploads (1x Unterlagen und 1x Foto) • ein Freitextfeld für weitere Angaben	Absage am 20.02.2009: leider haben wir nichts für Sie, informieren Sie sich bitte weiterhin über neue Stellenangebote und bewerben Sie sich dann am besten direkt über das Bewerberformular	Gehaltsvorstellung optional

Der Trend im Netz – Online-Assessments

Stellen Sie sich vor, Sie bekommen am Tag eine Million E-Mails wie Barack Obama. Oder zumindest doch 100 wie der durchschnittliche Manager. Stellen Sie sich vor, Sie haben diese am Computer in einem richtigen E-Mail-Postfach vor sich – und Sie haben die Aufgabe, sie in einer Stunde zu bearbeiten. Löschen, delegieren, informieren – am Ende soll keine einzige Mail mehr übrig sein. Diese und ähnliche moderne »Postkorb«-Übungen finden in Online-Assessments (AC) statt, etwa bei der Deutschen Lufthansa.

Online-ACs sind auf dem Vormarsch, trotz aller Risiken. Schließlich weiß das Unternehmen nie, ob es wirklich der Bewerber selbst war, der die Fragen beantwortet und die Stationen durchlaufen hat – oder vielleicht eine ganze Mannschaft aus Freunden und Bekannten, die ihn dabei unterstützt hat.

Doch die Kosteneinsparung wiegt dieses Risiko auf. Außerdem ist ein Online-Assessment nie das einzige Auswahlmittel, sondern ergänzt nur andere Verfahren wie das klassische Vorstellungsgespräch.

Was Unternehmen unter Online-AC verstehen

Unter dem Begriff Online-Assessment versteht jedes Unternehmen und auch jeder Testherausgeber etwas anderes. Mal handelt es sich um ein Spiel, im Laufe dessen Fragen beantwortet und Formulare ausgefüllt werden, mal um verschiedene Aufgaben. Größere Unternehmen haben häufig eigene Online-Assessment-Center entwickelt – wie der Konzern Unilever. Absolventen, die eine Online-Bewerbung ausgefüllt haben und vom Unternehmen als interessant eingestuft werden, werden zu dem Unilever-eigenen Online-Assessment eingeladen. Hier beweisen Sie dann Ihre Managementqualitäten in verschiedenen Bereichen wie Absatz-, Finanz-, Supply-Chain-, Personal- und Technisches Management. Erst danach kommt es zu einem persönlichen Telefoninterview und zu einem herkömmlichen Assessment-Center.

Früher lud das Unternehmen die Bewerber zu einem Vortest nach Hamburg ein. Jetzt können Bewerber ihn bequem von ihrem Rechner aus erledigen, was beiden Seiten Zeit und Kosten spart. Unilever testet mithilfe des Online-Verfahrens ausschließlich kognitive Fähigkeiten. Zum Verfahren gehört auch eine Aufgabe aus der Unternehmenspraxis. »Weiche« Faktoren wie Teamfähigkeit oder Kommunikationsgeschick werden bewusst nicht per Internet geprüft.

Assessment-Center-Tipps

Die vorgegebene Zeit reicht in der Regel nicht aus, alle Aufgaben vollständig zu bearbeiten. Also:

- Die Schriftstücke einmal überfliegen.
- Prioritäten setzen – dringende Aufgaben zuerst erledigen.
- Zwischen den Schriftstücken bestehende Zusammenhänge beachten.
- Kreative Lösungen (E-Mail, Fax, Anrufbeantworter etc.) sind meist erlaubt oder sogar erwünscht.
- Zu allen delegierten Aufgaben gehört eine klare Anweisung und ein kurzer Vermerk, wie man die Erfüllung der delegierten Aufgabe zu kontrollieren gedenkt. (Bei E-Mails beispielsweise immer eine Blind Copy an eine zweite Person senden.)
- Alle Entscheidungen unbedingt transparent machen!

Tipps für die Postkorbübung. Quelle: www.wiwi-treff.de.

Schon seit 2000 hält sich dagegen das Online-Adventure-Spiel »Cyquest« am Markt. Cyquest spricht Absolventen an und lässt sie an einem Online-Spiel teilnehmen, das immer weiter fortgesetzt wird. Im Laufe des Spiels lernen die Teilnehmer große Unternehmen und deren Ansatz des Personalmarketings kennen. Cyquest eignet sich also zum Üben und zum Kennenlernen der oft unterschiedlichen Anforderungen und Selbstdarstellungen. Darüber hinaus entstehen durch das Spiel

Bewerberprofile, die um einige Faktoren erweitert sind – wie: Auf welche Weise löst der Kandidat Aufgaben? Auf Anfrage und nach Rücksprache mit den Bewerbern gibt Cyquest deren Kontaktdaten an Unternehmen weiter. Wie häufig das passiert, bleibt allerdings geheim. Cyquest selbst verkauft in einem Shop auch Produkte wie Handys an seine meist junge Zielgruppe – hier verschmelzen Bewerbung und Marketing zu einem etwas undurchschaubaren Mix.

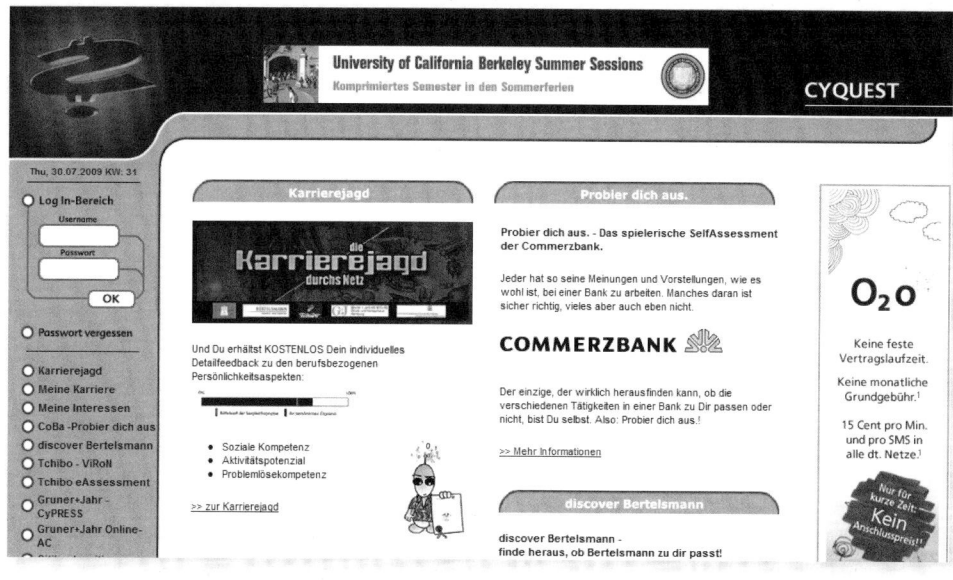

Nur für unter 30-Jährige: Das Online-Karrierespiel Cyquest.

Verhalten im Online-Assessment-Center

Einen Königsweg gibt es nicht, denn letztendlich sind die Anforderungen der Unternehmen an die Position angepasst, die sie besetzen wollen. Bei Absolventen werden jedoch in der Regel allgemeine kognitive Fähigkeiten getestet, die bis zu einem gewissen Grad lernbar sind.

Das heißt: Es geht online um Fähigkeiten im Bereich des Erkennens, der Problemlösung, des Vorstellens und Planens. Eine geringere Rolle spielt dabei die Persönlichkeit, die online zudem auch kaum ganzheitlich zu erfassen ist. Dass Sie etwa kurz davor sind, Ihren PC vor Wut aus dem Fenster zu werfen, wird niemand durch die Computernetze hindurch sehen …

Kognitive Fähigkeiten lassen sich bis zu einem gewissen Grad üben. Allein die Tatsache, dass Sie wissen, welche Art von Fragen und Aufgaben auf Sie zukommt, erleichtert die Sache für Sie und ist wie das Aufwärmen vorm Marathonlauf … Nehmen Sie sich also zum Warmwerden ein »Testknacker«-Buch vor (Hesse/Schrader, *Der Testknacker*, Frankfurt 2004).

Nicht korrekt wäre es, wenn Sie den Online-Test des Unternehmens zunächst unter einem anderen Namen absolvieren, etwa dem eines Studienkollegen, selbstverständlich nach Absprache, um für einen zweiten Versuch Erfahrungen zu sammeln … Besser, Sie informieren sich mithilfe von Erfahrungsberichten über das (Online-)Assessment im Internet. Eine Übersicht über Websites, die solche Berichte publizieren, finden Sie im Anschluss.

Erfahrungsberichte

Auch wenn jemand anderes den Job bekommen hat – fast alle Teilnehmer an Assessment-Centern sind von den gewonnen Erfahrungen begeistert. »Am Ende ist man immer schlauer«, so lautet die zentrale Aussage. Hier finden Sie Erfahrungsberichte:

- Wiwi Treff *(www.wiwi-treff.de)*
- Junge Karriere *(www.jungekarriere.com)*
- Squeaker.net *(www.squeaker.net)*

Online-Tests

- Gmac *(www.gmac.com)*: Gmac, Graduate Management Admission Control, ist der im angloamerikanischen Raum am meisten verbreitete Test.
- Toefl *(www.toefl.org)*: Der spielerische »Test of English as a Foreign Language« kostet 110 Dollar und ist weltweit anerkannt. Ein hoher Punktwert schmückt jede Bewerbungsmappe – ist aber nicht leicht zu erzielen.
- Geva-Institut *(www.geva-institut.de)*: Das Institut bietet verschiedene kostenpflichtige Tests, unter anderem für Absolventen, an.
- Teste dich *(www.testedich.de)*: Tests aller Art – vom IQ-Test bis zum Job- und Gehaltstest – werden von dieser größten Test-Suchmaschine im Netz gefunden.
- Nicola Doering *(www.nicola-doering.de/test.htm)*: Die Psychologin hat Links mit Online-Tests zusammengestellt.

Überblick: Online-Assessment-Center bei Konzernen

Von den großen Unternehmen und Konzernen setzen immer mehr auf ein Online-Asessment-Center. Diese über das Internet gesteuerte Vorauswahl spart Kosten, weil ein Teil der Bewerber auf diesem Weg aussortiert werden kann. Damit einher geht der Trend zu kürzeren Präsenz-ACs. Oft sind es nicht mehr zwei oder drei Tage, in denen die Bewerber unter die Lupe genommen werden, sondern nur noch ein bis zwei Tage. Dabei sind die Online-Assessment-Center sehr unterschiedlich aufgebaut. Während sich einige auf kognitive Tests und Wissensfragen konzentrieren (Lufthansa), legen andere den Fokus auf die Persönlichkeit (Siemens, Procter & Gamble).

Bei Lufthansa gibt es beispielsweise eine Simulationsaufgabe, die darin besteht, dass man als Vorgesetzter mit Mitarbeitern unterschiedlicher Couleur (der eine perfektionistisch, der andere schlampig etc.) ein Projekt steuern muss. Es geht um eine Software, die kurz vor der Markteinführung steht. Dazu gibt es Veranstaltungen etc., die der Bewerber im Vorfeld der Markteinführung organisieren muss, und natürlich ist der reibungslose Ablauf dieser Presseveranstaltungen extrem wichtig. Im Vorfeld dieser Veranstaltung erhält man dann als Simulationsaufgabe mehrere Briefe bzw. E-Mails, die ein neues Problem darstellen, und muss dann aus einem vorgeschlagenen Menü diejenigen Maßnahmen anklicken, welche man ergreifen würde.

Allen gemeinsam ist, dass sie in der Regel einfach zu schaffen sind. Manchmal beschleicht einen das Gefühl, dass solche Online-ACs vor allem den Zweck haben, sehr schlechte, sehr nervöse und unvorbereitete (also meist auch desinteressierte) Bewerber auszusortieren bzw. auch einfach nur als Abschreckung dienen, um die Anzahl der Bewerbungen zu senken und damit Bearbeitungskosten. Wer bereit ist, solch ein AC schon vor der Bewerbung mitzumachen – wie etwa bei der Lufthansa –, interessiert sich auch wirklich für das Unternehmen und die Stelle.

International bewerben mit E-Mail und Online-Formular

Deutschland ist ein sehr spezielles Bewerbungsland – mit vielen Bewerbungsregeln und Formalien und unschlagbar komplizierten Bewerbungsformularen. Deshalb überrascht es nicht, dass in anderen Ländern oft auch lockerere Sitten gelten. So ist es den Empfängern in Großbritannien oder den USA oftmals gleich, in welchem Format Sie Ihre Bewerbung senden oder hochladen. PDF ist nicht, wie bei uns, uneingeschränkt bevorzugt. Manchmal gibt es die Option, PDF-Formulare hochzuladen, sogar gar nicht. Online-Formulare sind oft einfach aufgebaut. Oft können Sie schon auf der ersten Seite Dokumente hochladen und müssen nur ganz wenige Kontaktdaten eingeben. In den USA wird aus Antidiskriminierungsgründen auch nicht nach Geburtsdatum oder Familienstatus gefragt, in Großbritannien ist das noch üblich, allerdings rückläufig.

Der angloamerikanische Lebenslauf

Der englischsprachige Lebenslauf ist schon allein optisch anders aufgebaut als der deutsche. Die tabellarische Form – mit einer chronologischen Spalte auf der linken Seite – gibt es nicht. Stattdessen wird der Text in verschiedene Rubriken aufgeteilt. Fotos sind sowohl in den USA als auch in Großbritannien unüblich. Ja, mehr noch: Wenn es nicht gerade um eine Model-Bewerbung

geht, sind sie sogar verpönt. In den USA schreibt man auch sein Geburtsdatum nicht in die Bewerbung. Familienstand und Kinder sind im gesamten angloamerikanischen Sprachraum »kein Thema« für den Lebenslauf.

Es ist auch nicht üblich, »Lebenslauf« oder »CV« über sein Dokument zu schreiben, sondern den Namen. Sehr empfehlenswert ist es, dem Lebenslauf ein »Summary« oder auch »Executive Summary«, manchmal auch »Short Profile« genanntes Kurzprofil voranzustellen. Integraler Bestandteil einer englischsprachigen Bewerbung sind »Job Descriptions«, die sich längst auch in Deutschland als Tätigkeitsbeschreibungen durchgesetzt haben. Sie tragen keine Überschriften oder die Headline »Main Tasks«.

Erfolgsorientierung im Lebenslauf ist im UK und den USA auch schon für Absolventen empfehlenswert. Gerade in den USA werden junge Menschen viel früher an das Erfolgreich-Sein herangeführt. So gibt es an den Schulen und Unis die »Dean's List« mit besonders erfolgreichen Schülern. Es ist üblich, eine Platzierung auf diesem öffentlichen Aushang im Lebenslauf oder dem Anschreiben zu erwähnen. Auch in einigen deutschen Unis wird dieses System inzwischen eingeführt. Sollten Sie also auf so einer Liste platziert sein oder einen guten Notendurchschnitt haben (beste 10, 25 oder 30 Prozent), schreiben Sie es in Ihren Lebenslauf, übrigens auch dann, wenn Sie ihn auf Deutsch verfassen.

Create Candidate Profile

Welcome! We are pleased you have decided to explore opportunities with Battelle. In order to be considered for a position, you must create a new Candidate Profile. Your Candidate Profile will serve as your personal home page for Battelle opportunities. Through this profile, you may submit your resume for current openings and track your progress on positions.
Upload your Resume
To create your candidate profile, please upload your resume below. Click on the **"Browse"** button to locate your resume. Once you have located the correct file, click **"Open"** and **"Continue"** to load the document.
Once you have uploaded your resume, your Candidate Profile will automatically populate with information from your Resume. Please take a few minutes to ensure the accuracy of contact information and add any additional items to your profile.
All contact will be managed through your Candidate Profile and your listed e-mail address. Please be sure to provide us a current and accurate e-mail address so we may keep in contact with you. Free e-mail accounts can be obtained from several places on the web, including Yahoo! and MSN.

STEP 1: Select Document to Upload: | Durchsuchen... |

Please note: We only accept documents in MS Word (DOC), RTF, TXT or HTML format.

STEP 2: Select the type of phone number that appears first or second within your resume.

Phone #1 | Home ⬍ | Phone #2 | Work ⬍ |

STEP 3: | Extract |

Beim amerikanischen Unternehmen Battelle ist PDF nicht gefragt, dafür doc-, rtf-, txt- *oder* html-*Format.*

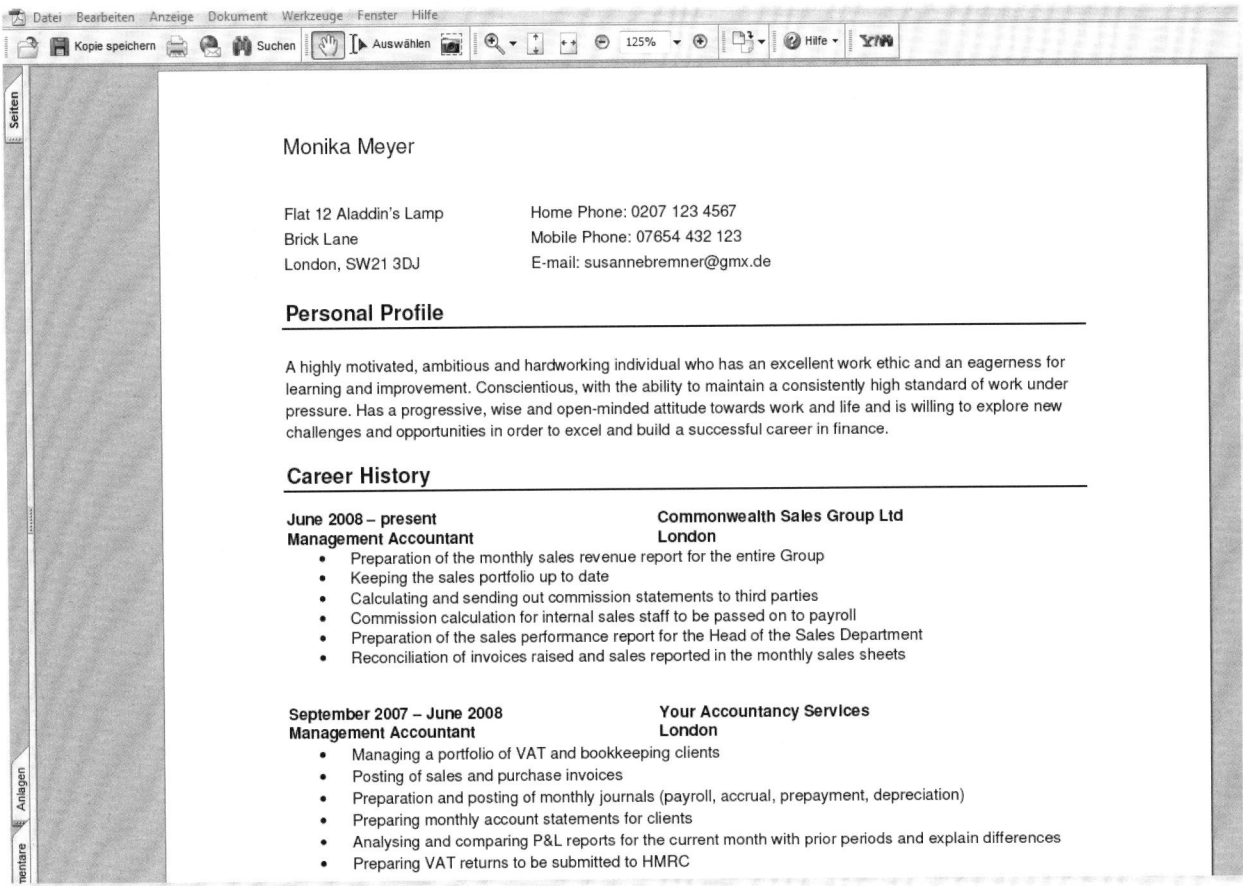

Monika Meyer

Flat 12 Aladdin's Lamp   Home Phone: 0207 123 4567
Brick Lane   Mobile Phone: 07654 432 123
London, SW21 3DJ   E-mail: susannebremner@gmx.de

Personal Profile

A highly motivated, ambitious and hardworking individual who has an excellent work ethic and an eagerness for learning and improvement. Conscientious, with the ability to maintain a consistently high standard of work under pressure. Has a progressive, wise and open-minded attitude towards work and life and is willing to explore new challenges and opportunities in order to excel and build a successful career in finance.

Career History

June 2008 – present   **Commonwealth Sales Group Ltd**
Management Accountant   **London**
- Preparation of the monthly sales revenue report for the entire Group
- Keeping the sales portfolio up to date
- Calculating and sending out commission statements to third parties
- Commission calculation for internal sales staff to be passed on to payroll
- Preparation of the sales performance report for the Head of the Sales Department
- Reconciliation of invoices raised and sales reported in the monthly sales sheets

September 2007 – June 2008   **Your Accountancy Services**
Management Accountant   **London**
- Managing a portfolio of VAT and bookkeeping clients
- Posting of sales and purchase invoices
- Preparation and posting of monthly journals (payroll, accrual, prepayment, depreciation)
- Preparing monthly account statements for clients
- Analysing and comparing P&L reports for the current month with prior periods and explain differences
- Preparing VAT returns to be submitted to HMRC

Der englische Lebenslauf kann in PDF verschickt werden, wird oft aber auch als Word erwartet, vor allem bei Agencies.

Auch der »Verkäufer das Monats« bei McDonald's und ähnliche Auszeichnungen finden in den USA Eingang in die Bewerbungsunterlagen. In Deutschland wird die Erfolgsorientierung verhaltener gesehen – hier gilt die Regel, es besser nicht zu übertreiben. Wenn Sie sich dagegen in den USA, Australien oder Großbritannien bewerben, sollten Sie auf jeden Fall daran denken, dass Ihre muttersprachlichen Wettbewerber sich in der Regel deutlich besser verkaufen und (mindestens) einen Werbegang hochschalten. Erfolge können Sie z. B. in einer eigenen Rubrik aufführen, die Sie »Achievements« oder »Selected Achievements« nennen können.

Seit einigen Jahren ist der Trend zur Angloamerikanisierung von Bewerbungen auch bei uns sehr stark spürbar. Ein Beispiel ist das Kurzprofil auf dem Deckblatt oder sind die Jobbeschreibungen und Erfolge. Das Foto ist durchaus auch bei Personalern umstritten. Es bleibt die Frage, ob es überhaupt mit dem Gleichbehandlungsgrundsatz vereinbar ist, der seit 2006 im Allgemeinen Gleichstellungsgesetz AGG verankert ist. Schließlich offenbart ein Foto die ethnische Herkunft – genau dies ist der Grund, aus dem die USA und Großbritannien Fotos verbieten.

Lebenslauf: Übersicht über Unterschiede zwischen Deutschland, Großbritannien und den USA

	Deutschland/Österreich/ Schweiz	Großbritannien	USA
Layout	Frei gestaltbar, doch am liebsten tabellarisch mit einer Chronologieleiste auf der linken Seite	Frei gestaltbar, meist in Textblöcken mit Überschriften, keine Tabelle. Datum kann links oder unter der Beschreibung stehen	Frei gestaltbar, meist in Textblöcken mit Überschriften, keine Tabelle. Datum kann links oder unter der Beschreibung stehen
Lebenslauf heißt …	Lebenslauf oder immer öfter auch »CV«	Curriculum Vitae, es steht auf dem Dokument aber in der Regel nur der Name des Bewerbers	Résumé, es steht auf dem Dokument aber in der Regel nur der Name des Bewerbers
Schreibweise	Stichwörter und verbale oder substantivische Aufzählungen	Stichwörter, -ing-Form üblich. Beschreibung mit ganzen Sätzen möglich	Stichwörter, -ing-Form üblich. Beschreibung mit ganzen Sätzen möglich
Deckblatt	Kann, kein Muss	Nein	Nein
Foto	Ja (aber es gibt einen Trend, dieses wegzulassen)	Nein	Nein
Umfang	Früher eine Seite, heute bis drei Seiten	2–4 Seiten	2–4 Seiten
Zusammenfassung am Anfang (Executive Summary)	Wirkt modern, ist aber noch unüblich	Heißt oft Personal Profile	Heißt in der Regel (Executive) Summary
Persönliche Daten	Name und Kontaktdaten, Geburtsdatum, -ort und Familienstand	Name und Kontaktdaten, Geburtsdatum teilweise	Name und Kontaktdaten
Career Objectives/ Career Statement	Wirkt modern, ist aber noch unüblich	Oft wird eher ein Personal Profile genutzt	Kann eine mögliche Rubrik sein, oft aber auch stattdessen ein Executive Summary
Hobbys und Freizeitaktivitäten im Lebenslauf	Unterschiedlich, wird vor allem Absolventen empfohlen	Ja, wenn sie eine Aussagekraft für den Job haben	Ja, wenn sie eine Aussagekraft für den Job haben
Erfolge (Achievements/ Selected Achievements)	Wirkt modern, ist aber noch unüblich	Ja, bei Führungskräften oder jungen Leistungsträgern unter den Job Descriptions/ Main Tasks	Ja, bei Führungskräften oder jungen Leistungsträgern unter den Job Descriptions/ Main Tasks
Report an/Berichtslinie	Noch unüblich, aber empfehlenswert	Bei Führungskräften, als ein Punkt bei den Job Descriptions/Main Tasks	Bei Führungskräften, als ein Punkt bei den Job Descriptions/Main Tasks
Additional Skills	Ja, mindestens Sprachen und EDV, bei Absolventen auch Ehrenämter und Freizeitinteressen	Ja, alles, was Aussagen über die Persönlichkeit zulässt, frei gestaltbar	Ja, alles, was Aussagen über die Persönlichkeit zulässt, frei gestaltbar

Das angloamerikanische Anschreiben

Auch deutsche Anschreiben sollten nicht nur den Lebenslauf wiederholen, dennoch scheint es deutsche Tradition zu sein, dies zu tun. Im angloamerikanischen Sprachraum geht das gar nicht. Das Anschreiben drückt vielmehr aus:

- warum Sie sich auf diese Stelle, bei diesem Unternehmen bewerben;
- was Sie in den Job als Erfahrungen einbringen können, wovon das Unternehmen profitiert, wenn es Sie einstellt;
- welche Erfolge und Leistungen Sie aus Ausbildung und Studium vorweisen können.

Auch das angloamerikanische Anschreiben sollte kurz sein, maximal eine Seite und mit maximal vier Blöcken. Es enthält anders als bei uns immer auch ein Re: für »Reference«, also Betreff. Dieses steht normalerweise unter der Grußformel. Diese sollte, wenn irgend möglich, persönlich sein, also einen Namen enthalten. Eine Ausnahme ist es (wie bei uns), wenn Sie sich per Online-Formular bewerben und den Ansprechpartner nicht herausfinden können. Bei E-Mail-Bewerbungen sollten Sie immer vorher anrufen und nach dem Namen fragen, wenn dieser in der Anzeige nicht vermerkt ist.

Anders als bei uns ist es den meisten Unternehmen in den USA gleich, ob Sie das Anschreiben in die Mail schreiben oder als PDF mitschicken. Überhaupt sind die Anforderungen weniger formal. PDF wird selten explizit gefordert, und viele Firmen und Personalagenturen sind für alle Formate offen. Ja, Personalagenturen fordern sogar häufig explizit Word.

Anschreiben: Übersicht über Unterschiede zwischen Deutschland, Großbritannien und den USA

	Deutschland/Österreich/Schweiz	Großbritannien	USA
Adresse	Frei, oft oben links, Trend zum Logo	Meist oben rechts	Oben links oder unter der Grußformel
Datum	z.B. 01.10.2009	z.B. 1 October 2009	z.B. 2009-10-1
Betreff	Nicht als Wort genannt	Subject oder RE: unter die Grußformel, ausschreiben	Subject unter die Grußformel oder darüber, ausschreiben
Name in der Absenderadresse	Ja	überwiegend nein	überwiegend nein

Englische E-Mail-Bewerbungen

Die E-Mail ist die normale Bewerbungsform im angloamerikanischen Sprachraum. Bei den Anhängen sind Engländer wie Amerikaner allerdings weit weniger formalistisch als Deutsche. PDF ist bekannt und verbreitet, aber genauso akzeptiert sind andere Formate. Da sehr viel mehr über Agenturen und Vermittler läuft, wird oft explizit das Word-Format verlangt. Das hat damit zu tun, dass im angloamerikanischen Sprachraum Jobs häufiger über Agenturen vergeben werden als bei uns. Diese Agenturen setzen den Lebenslauf in ihr eigenes Briefpapier und leiten das dann an ihre Kunden weiter. Dies geht natürlich sehr viel einfacher, wenn Sie Word

schicken.

Grundsätzlich empfiehlt sich immer ein Anruf vor der Bewerbung, um den Namen zu erfragen und schon mal in Kontakt zu kommen. Dies wird in den englischsprachigen Ländern offener als bei uns gehandhabt. Arbeitszeugnisse sind unbekannt und sollten deshalb nicht mitgeschickt werden. Mit Referenzen sieht es anders aus, diese sind allerdings oft schon im Lebenslauf vermerkt. In der Regel sollten Sie hier drei Ansprechpartner aufführen, die Ihre künftigen Arbeitgeber oder die Personalagenturen anrufen können. Schicken Sie niemals anonyme Mails, sondern fragen Sie immer nach dem Ansprechpartner und nennen Sie ihn im Anschreiben.

Empfehlungen für Sie:

- Halten Sie Ihren Lebenslauf auch als Word bereit (ohne Foto!).
- Denken Sie daran, Referenzen zu nennen.
- Immer den Ansprechpartner erfragen und benennen.
- Das Anschreiben motivationsorientierter, verkaufender, persönlicher und konkreter verfassen, als Sie das von deutschen Texten gewohnt sind. Stellen Sie sich vor, dass Sie wie im Auto beschleunigen und einen Gang hochschalten.
- Auf schnelle Reaktionen und Einladungen schon innerhalb weniger Tage einstellen. Verfahren ziehen sich selten so lange hin wie bei uns.

Englische Online-Formular-Bewerbungen

Die meisten Bewerbungsformulare im angloamerikanischen Sprachraum sind deutlich einfacher aufgebaut als bei uns. Man muss oft nur wenige Angaben machen und dann den Lebenslauf hochladen. Sehr oft wird auch gefragt, ob ein Mitarbeiter das Unternehmen empfohlen hat. Dies liegt daran, dass Empfehlungen ein sehr typischer Weg zur Jobvermittlung sind und es auch normal ist, für seine Empfehlungen eine Provision als Dankeschön zu bekommen. Bei der Beantwortung von Fragen muss man sich teilweise gut im angloamerikanischen Ausbildungssystem auskennen. So fragt Barclays: »Haben Sie die Fächer Englisch und Mathematik im GCSE (etwa Realschulabschluss) mindestens mit einem C (etwa 3) bestanden?« Schwierig wird es auch da, wo Sie Noten angeben müssen, aber keinen Spielraum für die Übersetzung haben. Hier sollten Sie das englische Äquivalent angeben und nicht die deutsche Ausgangsnote. In England ist es üblich, sich in einem System erst einzuloggen bzw. sich einen Account zu erstellen, bevor man sich online bewerben kann. Häufig wird auch nach dem Geschlecht, dem ethnischen Hintergrund sowie der sexuellen Orientierung gefragt, wozu man sich allerdings nicht immer äußern muss. Dies sind auch in England sehr umstrittene Fragen, die Personalagenturen und Unternehmen nach und nach aus Ihren Formularen streichen. Tatsache ist aber, dass solche Fragen im UK derzeit noch häufiger anzutreffen sind als bei uns. Ganz anders übrigens als in den USA. Weitaus öfter als bei uns kommt es vor, dass man seinen Lebenslauf auch einfach in ein leeres Feld kopieren muss. Dies ist angesichts der Tatsache, dass englische Lebensläufe nicht tabellarisch sind,

aber auch kein großes Problem. Mitunter verbieten Firmen auch das DOCX-, also Word-Vista-Format. Sehr häufig wird nach einer Motivation gefragt, aus der Sie sich beim Unternehmen bewerben. Diese sollten Sie konkret benennen und möglichst auch auf die Firma beziehen.

Empfehlungen für Sie:

- Stellen Sie sich auf die Bedürfnisse der Unternehmen ein und laden Sie die Formate hoch, die erlaubt sind.
- Halten Sie ein Word-Dokument parat. Es wird öfter gefordert sein als bei uns. Im Zweifel KEIN DOCX.
- Halten Sie eine nur dezent formatierte TXT-Variante für das Kopieren in Textfelder bereit. Keine Tabellen, keine Tabulatoren, bestenfalls fett und unterstrichen.
- Achten Sie auf Suchwörter, unter denen man Sie finden sollte, und darauf, dass diese in Ihrer Bewerbung vorkommen.
- Wie bezeichnen Sie Ihre Noten im englischen oder amerikanischen System? Rechnen Sie um, bevor Sie sich bewerben. Infos hier: *http://usa.fh-hannover.de/gpa.pdf* und hier: *http://www.wes.org/gradeconversionguide/germany.htm*

Punkte	Grade	entspricht
70–100	A	Sehr gut
60–69	B	Gut
50–59	C	Befriedigend
40–49	D	Genügend

Das britische und das amerikanische Notensystem. Sie können bei sehr guten Noten ein + hinzufügen, also z.B. A+.

Englischer Lebenslauf für Deutschland

Immer mehr deutsche Unternehmen oder internationale Firmen mit Sitz in Deutschland verlangen englische Unterlagen. Doch welches Format und Aussehen sollte eine solche Bewerbung nun haben? Da viele deutsche Personaler die deutsche Lesart noch sehr gewohnt sind, empfiehlt es sich, hier beim deutschen Aufbau zu bleiben. Der englische Lebenslauf und das englische Anschreiben sind dann einfach übersetzte Dokumente. Auch der Sprachstil sollte eher deutsch sein, also mit wenigen Adjektiven und etwas zurückhaltend. Andernfalls besteht die Gefahr, dass die Unterlagen als »zu dick aufgetragen« wahrgenommen werden.

Ist der Personal- und/oder Fachverantwortliche jedoch kein Deutscher, sollte nicht nur das englische Vokabular, sondern auch der englische Stil genutzt werden. Vielfach bedeutet das, dass man zwei CVs parallel pflegen muss, was aufwendig ist. Bestimmte Berufsgruppen, die sehr international arbeiten, etwa IT-Projektmanager oder Unternehmensberater, können sich auch generell für die englische Variante entscheiden.

Ein Beispiel für einen englischen Lebenslauf und ein Anschreiben finden Sie auf Seite 55/56.

Europass – der europäische Lebenslauf

Nur als Orientierung empfehlenswert ist der europäische Lebenslauf, der geschaffen worden ist, um die unterschiedlichen Gepflogenheiten in Europa anzuglei-

chen. Adresse für die Europass-Informationen und Musterdokumente ist *http://europass.cedefop.europa.eu.*

Er ist aber kaum bekannt und wird vielfach – etwa bei der Bewertung von Sprachkenntnissen nach einem sehr differenzierten Schema – als zu komplex wahrgenommen. Auch die in diesem Format übliche Angabe der Adresse von Arbeitgebern ist in vielen Ländern überflüssig. Der EU-Lebenslauf ist allerdings ein Muss, wenn Sie sich bei der Europäischen Union und europäischen Institutionen bewerben. Deren Online-Formulare basieren auf dem Europass-Lebenslauf. Das heißt auch, dass Sie den online gepflegten Lebenslauf einfach in die Formulare hochladen können und nicht alle Felder neu ausfüllen müssen. Auch bei Bewerbungen in Länder wie Griechenland, Polen etc. ist es sinnvoll, den Europass-CV zu verwenden. Fragen Sie im Zweifel einen Eures-Berater, also einen Bewerbungsberater in dem jeweiligen Land, den Sie über das Europa-Portal *www.europa.eu.int/eures* recherchieren können.

Europass
Curriculum vitae

Personal information

First name(s) / Surname(s)	Betty HOBKINS
Address(es)	32 Reading rd, Birmingham, B26 3QJ, United Kingdom
Telephone(s)	Personal: (44-1189) 12 34 56 Mobile: (44-6987) 65 43 21
Fax(es)	(44-1189) 12 34 56
E-mail(s)	hobbies@kotmail.com
Nationality(-ies)	British
Date of birth	07.10.1974
Gender	Female

Desired employment / Occupational field

EUROPEAN PROJECT MANAGER

Work experience

Dates	August 2002 onwards
Occupation or position held	Independent consultant
Main activities and responsibilities	Evaluation of European Commission youth training support measures for youth national agencies and young people.
Name and address of employer	British Council, 123, Bd Ney, F-75023 Paris
Type of business or sector	Independent worker
Dates	March – July 2002
Occupation or position held	Internship
Main activities and responsibilities	- Evaluating youth training programmes for SALTO UK and the Partnership between the

Karla Kolunda
Schweinegasse 1
2000 Hamburg 20
Phone: +49 (0)40 2727272727
Email: rasende_reporterin@kolunda.de

2 April 2009

Bank of Recession Resistance (BRR)
Bibi Blocksberg
Am Blocksberg 12
CH-100 Blocksberg

RE: International Development Assignment

Dear Mrs Blocksberg,

For more than two years, I have been working very successfully as a Relationship Manager at the Bank of Recession Resistance and was recently promoted to the position of Leader of the Staff Clients Team. Although I value the recognition that this assignment demonstrates, my personal ambition is to gain international experience and to work with customers from other countries!
In order to pursue this ambition, I am applying for an International Development Assignment in the international sector of the Bank of Recession Resistance. An assignment in an English speaking country would be most appropriate to my language skills; however, I am flexible about the location of this placement.
I am currently working as the Leader of the Benjamin Blümchen Staff Clients Team in Heuhaufenstadt. We are a team of two relationship managers who provide the Bank of Recession Resistance staff with consistently professional service and advice in the fields of investment, credit financing and financial security. For the future, my goal is to be part of an international Private Banking team based in Hamburg, beginning as an Assistant Relationship Manager and in the broader future as a Relationship Manager in my own right. An assignment abroad would provide a wonderful opportunity for me to further develop the professional, cultural, and language skills demanded by this position. It would be advantageous, not only for me personally but also for the Bank of Recession Resistance, in terms of the network I would be able to establish and the professional, social, and cultural understanding I could develop.
I am reliable, bright, have strong communication skills, and a proven ability to work in a team. I offer high quality customer service and I am convinced that I am well qualified for a position in the front office. I would value the opportunity to make use of my fluent English language skills.
In conclusion, I am a highly motivated and enthusiastic employee who is looking for an opportunity to work in an English speaking environment. Through its global activity and worldwide recognition as an excellent partner in banking, the Bank of Recession Resistance could make my dream come true.

Yours sincerely,

Karla Kolunda

Karla Kolunda

Schweinegasse 1 • 2000 Hamburg 20, Germany

(+49) 171 000000 (cell) • (+49) 40 2727272727 (office) • rasende_reporterin@kolunda.de

International Development Assignment

Career Statement

A position in the international division of private banking, Bank of Recession Resistance (BRR)

Summary

Dynamic, responsible, team-orientated, and highly motivated manager with advanced knowledge in business administration. Almost two years experience in client service. Strong interpersonal, communication skills. High capability to work well under pressure.

Professional Experience

July 2008 to present
Relationship Manager

Since February 2009, **Leader of the Benjamin Blümchen Staff Clients Team**

- Established a consistently professional service for the staff
- Consultation and support of clients regarding investment, credit financing, and financial security
- Responsible for advising costumers concerning credit financing and financial security

September 2007 to June 2008
Recession Prevention Program
Bank of Recession Resistance

- Served as an Assistant to Relationship Manager at the Bank of Recession Resistance Heuhaufenstadt, including administrative work, daily business of customer advisory service
- Assistant Relationship Manager Private Banking Sindelfingen; dealing with international high net worth clients
- Daily personal contact with clients via phone, mail or in personal meetings
- Numerous courses in finance, personal development, advisory process

May 2006 to September 2006
Internship Credit and Sales

- Supporting the mortgage group in the application, processing, and implementation of mortgages

May 2003 to November 2003
Internship public services

- Supporting the Financial Accounting and Controlling Team

Education

May 2007
Bachelor of Science in Business and Economics   **University of Hamburg, Germany**
Major in Economics

Final Grade: 1.1

Additional Skills

Computing
Microsoft Word, Excel, Outlook, PowerPoint

Languages
German (native)
English (fluent, CFE, 5 months stay in Canada)
Spanish (intermediate)

Hobbies
Surfing – both racing and coaching the junior team at the local Surfing Club
Graduate Surfing Dipl. Instructor for Wangerooger Surfsports
Running, swimming, travelling, reading

References

Available upon request

Stelleninserate interpretieren

*Entspricht meine Qualifikation dieser
Stellenausschreibung?*

Diese Frage beschäftigt jeden Bewerber. Auch wenn Sie
Annoncen ganz genau lesen, bleiben fast immer Fragen
offen. Die Ursache dafür liegt nicht selten in der Un-
klarheit über den eigenen Standort auf dem Jobmarkt.
In einer Zeit, in der es kaum noch Berufe mit standardisierten Tätigkeiten gibt, müssen Erfahrungen verallge-
meinert werden. Die Frage dahinter lautet: »Wo und wie
kann ich das, was ich hier getan habe, noch einbringen?
Kann ich etwa als Kundenberater auch im Vertrieb tätig
werden?«

Wenig konkrete Beschreibungen lassen weiteren
Spielraum. Da ist beispielsweise von »Sie haben Marke-
tingerfahrung« die Rede. Das ist ein weites Feld. Es beinhaltet die Erstellung eines Kommunikationskonzepts
ebenso wie Schaltung von Werbung und Public Rela-
tions. Ein Bewerber, der Direktmailings an Kunden kon-
zeptioniert und verfasst hat, besitzt Marketingerfah-
rung. Doch ist das damit gemeint?

Zur Interpretation einer Stellenanzeige gehört viel
mehr, als diese nur zu lesen. Sie müssen nicht nur Ihren
eigenen Standort auf dem Arbeitsmarkt kennen, sondern auch das Inserat hinsichtlich Ihrer Ausgangsbasis
analysieren. Sie müssen wissen oder ahnen, vor welchem
Hintergrund das Unternehmen dieses Stellenangebot
geschaltet hat. Geht es um eine neue Position, um einen
Ausbau der Abteilung, oder hat einfach ein Mitarbeiter
gewechselt?

Wie Unternehmen Bewerber auswählen

Halten Sie sich bei Ihrer Analyse vor Augen, wie ein Unternehmen Bewerber auswählt und Unterlagen analy-
siert.

Die besten Kandidaten sind dabei stets die, deren
Qualifikationen mit den Anforderungen übereinstim-
men. Natürlich wird in einem Waldorfkindergarten eine
Erzieherin mit Waldorferfahrung bevorzugt – selbst
wenn dies nicht explizit geschrieben wird. Ist solch eine
Bewerberin nicht unter den Interessenten, schauen die
Verantwortlichen nach einer Pädagogin, die der Anthro-
posophie (Waldorfpädagogik) zumindest nahesteht und
dies in ihrer Bewerbung auch ausdrückt.

Ein Unternehmen, das einen Mitarbeiter mit Erfahrung im Vertrieb erklärungsbedürftiger Produkte sucht,
zum Beispiel Druckmaschinen, wird zunächst nach Personen Ausschau halten, die bereits Druckmaschinen ver-
trieben haben. Erst im nächsten Schritt sucht es nach
Kandidaten, die mit vergleichbaren Produkten zu tun
hatten. Von diesem System weichen Firmen nur dann
ab, wenn ein Bewerber durch andere Kenntnisse oder
Persönlichkeitsmerkmale aus dem Rahmen fällt.

So lesen Sie Anzeigen richtig

Schauen Sie sich alles genau an: die Firmendarstellung,
das Anforderungprofil, den Teil, in dem Ihre Chancen
oder/und Aufgaben beschrieben werden. Sehen Sie die
Einzelteile als Puzzle und betrachten Sie auch die Anzeige insgesamt. Oft vernachlässigen Bewerber den Ein-
stiegstext und berücksichtigen nur die Stellenbeschrei-

bung. So entgeht ihnen mitunter das Wissen, für welche Abteilung oder vielleicht auch für welche Tochterfirma ein Kandidat gesucht wird. Daraus lassen sich jedoch häufig wichtige Informationen zur Aufgabe ablesen.

Geben Sie sich nicht nur mit den Aussagen in der Anzeige zufrieden, wenn sie Floskeln enthalten, unverständlich und mit viel Fachvokabular formuliert sind. Fragen Sie nach, das ist Ihr gutes Recht: Nur wenn Sie die Anforderungen voll verstanden haben, können Sie sich gut und glaubwürdig bewerben. Unternehmen verhalten sich manchmal genauso unprofessionell wie einige Bewerber. Sie machen sich nicht über jede Aussage und jede Anforderung Gedanken. Größere Firmen übernehmen komplette Absätze aus vorgefertigten Standardannoncen und ändern nur den mittleren Teil, in dem die fachlichen Anforderungen aufgelistet sind. Andere übergeben der Werbeagentur eine Liste mit Textbausteinen, die dann zu einer Annonce zusammengefügt werden.

Trauen Sie sich also nachzuhaken, wenn Sie Fragen haben. Es ist legitim zu wissen, ob Sie sich als Master of Science Medieninformatik auf eine BWL-Stelle bewerben dürfen. Sie müssen wissen, was die Aufgabe ist und um welche Produkte es geht, wenn der Anzeigentext dies nicht verrät.

Schritt-für-Schritt-Anleitung für die Analyse von Stelleninseraten

- Lesen Sie sich den Text genau durch. Er besteht aus Selbstdarstellung des Unternehmens, Anforderungsprofil und dem Einsatzgebiet sowie gegebenenfalls den beruflichen Chancen.
- Lesen Sie zusätzlich die Karriereseiten des Unternehmens im Internet. Was ist der Firma wichtig, wo setzt sie Schwerpunkte?
- Lesen Sie Geschäftsbericht oder Selbstdarstellung sowie die aktuellen Pressemitteilungen (im Pressebereich der Website).
- Lesen Sie aktuelle Presseartikel über das Unternehmen in der Tageszeitung.
- Versuchen Sie, Schlüsse aus den gewonnen Infos zu ziehen. Warum sucht das Unternehmen einen neuen Mitarbeiter? In welchem Kontext ist die Stelle zu sehen?
- Schreiben Sie heraus, welche Anforderungen für das Unternehmen wertvoll sind, und gewichten Sie sie.
- Schreiben Sie auf, in welcher Form Sie diese Anforderungen erfüllen. Steht im Inserat beispielsweise »Wir wünschen uns einen Bewerber mit einem naturwissenschaftlichen Studienabschluss«, schreiben Sie, ob Sie Biologe oder Physiker sind.
- Klären Sie offene Fragen, indem Sie bei der entsprechenden Firma anrufen. Lassen Sie sich nicht vom Personaler abwimmeln: Fachliche Fragen können sehr häufig nur in der Fachabteilung zufriedenstellend beantwortet werden.

Auf Stelleninserate antworten

Nun wissen Sie, wie Sie Anzeigen auseinandernehmen und sie besser verstehen. Aber wie darauf reagieren? Was sagen, um zum Ausdruck zu bringen: Ja, ich passe! Die Antwort ist einfach: Antworten Sie auf das Inserat. Sehen Sie die Annonce als Zugeständnis des Unternehmens. Es bekundet, ein Problem zu haben, das es gerne lösen will: Ihm fehlt eine Arbeitskraft, die qualifiziert ist. Vielleicht hat es zu wenig Umsatz, vielleicht ist die Abteilung fachlich falsch besetzt oder leidet unter unzureichend qualifizierten Mitarbeitern. Möglicherweise fehlt es an Know-how, eventuell an Erfahrung und Kontakten. Sie als Bewerber sind Problemlöser und sollten das Thema einkreisen, um besser darauf reagieren zu können. Das heißt hier: auf das Problem mit einer Lösung antworten!

Fallbeispiel

Die folgende Anzeige stammt von einer Personalberatung, das heißt, der Name des Stellenanbieters ist nicht bekannt.

Die Aufgabe

Als Creative Director haben Sie die Aufgabe, Ihr Team zu kreativen Höchstleistungen anzuspornen, klare Vorgaben des kreativen Standards vorzugeben und dessen Qualitätsanspruch kontinuierlich zu verbessern. Sie entwickeln Strategien und Konzepte – sowohl für unsere bestehenden Kunden als auch bei New-Business-Aktivitäten.

Anforderungsprofil

- abgeschlossenes Studium
- Schwerpunkt: gestalterischer Bereich
- weitreichende Kenntnisse im Bereich Neue Medien
- konzeptionelle Stärken und Wissen in diesem Bereich
- selbstverständlicher Umgang mit Kreativitätstechniken
- Teamarbeiter
- Kreativität und Innovationsfähigkeit
- Führungserfahrung und unternehmerisches Denken
- Belastbarkeit und Engagement
- sicheres Englisch

Überlegen Sie sich, mit welchen Argumenten Sie auf jede einzelne Anforderung eingehen können.

Anforderung	Ich bringe mit
abgeschlossenes Studium Schwerpunkt gestalterischer Bereich	Bachelor Mediendesign an der Hochschule Bremen
weitreichende Kenntnisse im Bereich Neue Medien	durch Studium, Praktika bei Multimediaagenturen und eigene Tätigkeit als Webdesigner (Referenzseiten nennen)
konzeptionelle Stärken und Wissen in diesem Bereich	Beleg: Entwicklung eines Style Guide für ABC GmbH, konzeptionell denkend
selbstverständlicher Umgang mit Kreativitätstechniken	Kenntnis von Brainstorming und so weiter, Mindmanager ist täglicher Begleiter
Teamarbeiter	auch derzeit im Team eingebunden, bin überzeugt, dass nur im Team Höchstleistungen möglich sind
Kreativität und Innovationsfähigkeit	belege ich mit Arbeitsproben
Führungserfahrung und unternehmerisches Denken	Teamleitung von drei Personen; während des Studiums tätig als Webdesigner
Belastbarkeit und Engagement	bin bereit, mich für den Job zu 150 % einzusetzen
sicheres Englisch	ein Jahr in den USA spricht für sich

Stellensuche über das Internet

Das Internet ist eine wahre Fundgrube für Annoncen – und es gibt weit mehr Jobs online, als Sie auf den ersten Klick erfassen können. Die folgenden Adressen sollten für Sie Anregung sein, auch einmal jenseits der ausgetretenen Pfade in etwas unbekannteren Jobbörsen nachzuschauen, und Sie erhalten Tipps, wie Sie die Suche optimieren und Firmen aus Ihrer Branche über das Internet ausfindig machen. Die Recherche in Stellenmärkten sollte nie Ihre einzige Suche nach Jobs im Internet sein. Ganz wichtig ist es, regelmäßig eine Tour auf die Karriereseiten von interessanten Firmen zu unternehmen. Suchen Sie sich dazu Ihre 20 bis 30 persönlichen Favoriten heraus und machen Sie – sofern Sie Absolvent oder auf Jobsuche sind – mindestens einmal im Monat einen Abstecher auf deren Seiten.

Die besten Internet-Adressen für die Jobsuche

Es gibt zahlreiche Jobbörsen – viele werden jedoch nicht regelmäßig gepflegt und sind nicht aktiv. Für Sie haben wir die besten Jobbörsen aus dem Internet zusammengestellt.

Weitere Stellenmärkte finden Sie außerdem auf dem Portal *www.crosswater-systems.com*.

Allgemeine Stellenbörsen – die neun Marktführer

Bitte beachten Sie, dass es sich hier um eine subjektive Auswahl handelt. Wer wirklich als Marktführer gilt, ist heftig umstritten – denn neben der Zahl der Inserate lassen sich auch die Zahl der Seitenzugriffe (sogenannte *pageviews*) oder die Zahl der inserierenden Unternehmen als Kriterium heranziehen.

1. Kimeta.de *(www.kimeta.de)*: Eine Meta-Stellenbörse, die gleichzeitig fast alle wichtigen Jobbörsen absucht und sehr viel findet. Auch einige kleinere und spezielle Jobbörsen sind dabei, außerdem Unternehmenswebseiten. Vorteil: Eine einfache Stichwortsuche. Nachteil: Differenzierte Suchen sind derzeit noch nicht möglich.

2. Monster *(www.monster.de)*: Mehr als 50.000 Stellen, sehr gute Suchfunktionen – und sie umfasst Jobs vom KFZ-Mechaniker bis zum Interimsmanager. Das redaktionelle Angebot ist inwischen top und aktuell. Viele Anregungen bieten auch die Experten-Diskussionsrunden. Sehr gute Zusatzangebote.

3. Stepstone *(www.stepstone.de)*: Neben Monster der Marktführer. IT-Fachkräfte finden unter *www.stepstone.de/it* ein spezialisiertes Angebot. Die Suchfunktionen sind hervorragend, vor allem, weil sich die Stellen ganz schnell branchen- und berufsbezogen sortieren lassen.

4. Arbeitsagentur *(www.arbeitsagentur.de)*: Eine umständliche Suche und schwerfällige Bedienung zeichnen den so genannten virtuellen Stellenmarkt aus. So müssen Sie vor der eigentlichen Suche erst einmal Ihre zugrunde liegende Ausbildung benennen, wobei hier nur die klassischen Ausbildungs- und Studienberufe erfasst sind. Dennoch: Mehrere 100.000 Jobs befinden sich unter einem Dach – der Aufwand kann sich lohnen.

5. Jobware *(www.jobware.de)*: Jobware gehört zu den größten und ältesten Jobbörsen und fällt unter anderem durch eine sehr übersichtliche Suche auf.

6. Stellenanzeigen.de *(www.stellenanzeigen.de)*: Wie viele Jobs genau gespeichert sind, verrät der Anbieter nicht – doch es sind nicht wenig. Diese stammen überwiegend aus Tageszeitungen, also dem Printbereich. Der Anbieter verfügt über ein gutes Zusatzangebot, beispielsweise mit Englischtest. Insgesamt hat Stellenanzeigen.de 21 Tageszeitungs-Partner. Es gibt sowohl mittelständische als auch große Unternehmen, die hier inserieren.

7. Stellenmarkt *(www.stellenmarkt.de)*: Alteingesessene Jobbörse, die vorwiegend Jobangebote aus dem Mittelstand parat hält. Die Suchfunktionen sind übersichtlich, gut ist die Unterscheidung zwischen »Berufsfeld« und »Branche«.

8. Jobstairs *(www.jobstairs.de)*: Deutsche Telekom, Infineon, Lufthansa, Thyssen: Rund 50 Großunternehmen publizieren hier gemeinsam Ihre Anzeigen – oft exklusiv auf dieser Site.

9. Jobscout24 *(www.jobscout24.de)*: Jobs aus allen Bereichen bietet dieser Stellenmarkt. Gut sind die Links, die unterhalb jeder Anzeige stehen. Von hier aus kann man sich die Website des Unternehmens ansehen, das Jobangebot speichern oder sich gleich darauf bewerben. Die Suchfunktionen sind umständlich.

10. iCjobs.de *(www.icjobs.de)*: Weitere Jobsuchmaschine, die mehrere andere Stellenmärkte durchsucht. Eigene Aussage: »Keine findet mehr.« Bis zu einer Million Stellenangebote auf einen Schlag finden sich hier, aus allen nur denkbaren Bereichen. Die Profisuche bietet mehr Möglichkeiten, verlangt allerdings eine – kostenlose – Registrierung.

11. Indeed *(www.de.indeed.com)*: Noch eine Jobsuchmaschine mit moderner Technik, die ähnlich simpel aufgebaut ist wie Google und mit Kimeta vergleichbar ist. Indeed kommt aus den USA und ist dort eine der bekanntesten Metasuchmaschinen. Für Übersee-Jobs einfach auf *www.indeed.com* schalten.

Berufs- und branchenspezifische Jobbörsen

Manche Branchen und Berufe bleiben lieber unter sich, Mediziner etwa oder IT-Spezialisten. Und manche Arbeitgeber schalten ihre Inserate lieber in solchen branchenbezogenen Jobbörsen – schließlich sprechen diese ganz gezielt nur Branchenangehörige und damit »Kenner« an.

Oft sind Branchen-Stellenmärkte im Internet Ableger von Verbandsmagazinen oder Fachzeitschriften, und die Anzeigen erscheinen zeitlich verzögert. Das macht aber in der Regel nichts, da sich die Auswahl nicht selten über Wochen oder Monate hinzieht, kommen Nachzügler meist noch zum Zug. Im Zweifel lohnt es sich nachzufragen, ob die Anzeige noch aktuell ist – diese Empfehlung gilt für alle Inserate, die älter als zwei Wochen sind.

Autobranche
- Autohaus *(www.autohaus.de)*: Die Internet-Präsenz der Zeitschrift besitzt einen Stellenmarkt und interessante Diskussionsforen. Zielgruppe sind Autohäuser und Werkstätten.
- KFZ-Betrieb *(www.kfz-betrieb.de)*: Dieses Angebot spricht die Zielgruppe der Werkstätten an, also Techniker und Meister. Sie können im Journal eine Anzeige schalten, die auch online erscheint. Außerdem gibt es einige Stelleninserate.

Banken und Versicherungen
- Assence *(www.assence.de)*: Banken und Versicherungen suchen hier ihren Nachwuchs, darunter die LB Bank oder die Deutsche Allgemeine. Auch Immobilienanzeigen werden geschaltet.
- eFinancialCareers *(www.efinancialcareers.de)*: Ob Investmentbanking oder Mergers & Acquisitions – hier finden Spezialisten das Futter, das sie für die Jobsuche brauchen. Sie können Ihren Lebenslauf auch hochladen.

Biologie, Chemie, Physik
- Jobvector *(www.jobvector.de)*: Von der Laborhilfe bis zum Doktoranden: Spezialistenjobs für Life-Sciences-Bewerber.
- Bioberufe *(www.bioberufe.de)* bietet fast 400 Jobs vom Verband deutscher Biologen an – der Klick lohnt sich.
- Biokarriere *(www.biokarriere.net)*: Rund 40 hochkarätige Stellen von Branchengrößen wie La Roche aus

dem Pharma- und Biologieumfeld. Zusätzlich lockt die Seite mit Karriereinformationen und der Möglichkeit, Stellengesuche einzugeben. Gut für die Recherche sind die Firmenprofile.

- Chemiekarriere *(www.chemiekarriere.net)* informiert über rund 90 Jobs, die meisten von Roche. Die Jobbörse stammt vom gleichen Anbieter wie Biokarriere und ist ein komplettes Karrieremagazin für die Branche. Selbstverständlich können Sie auch ein Gesuch aufgeben.

Entwicklungshilfe und internationale Zusammenarbeit

- GTZ *(www.gtz.de)*: Die Gesellschaft für technische Zusammenarbeit ist die zentrale Plattform für hochqualifizierte Fachkräfte aus dem Bereich Ingenieurwesen und Naturwissenschaften, die sich zeitweise im Ausland engagieren wollen.

Hotel, Gastronomie und Touristik

- Hotelstellenmarkt *(www.hotelstellenmarkt.de)*: Sehr schön gestaltete Seiten mit Azubi-Stellenmarkt. Hilton, Steigenberger, Kempinski: Viele renommierte Anbieter offerieren Ihre Stellen hier (zirka 300). Für Online-Bewerbungen gibt es ein extra Formular, in das Sie Ihre Daten eintragen und per Mausklick abschicken können.
- Hotel Career *(www.hotel-career.de)*: Hier ist ganz schön was los, eine Riesenauswahl bietet mehrere tausend Angebote. Die Site ist sehr übersichtlich gestaltet und ist damit die zentrale Anlaufstelle!
- Oscar's Jobguide *(www.oscars.li/hoteljob/index.php)*: Jobs auf der ganzen Welt: Vom Chef de Rang bis zum Barkeeper wird alles gesucht – auch in Touristengebieten. Die Angebote werden nach Anbieter beziehungsweise Hotel aufgeführt.

Fast Moving Consumer Goods (Lebens-/Genussmittel)

- Lebensmittelzeitung *(www.lebensmittelzeitung.de)*: Schön unterteilt nach »Food« (Lebensmittel) und »Non-Food« (Nicht-Lebensmittel) finden Sie hier die besten Jobs der Branche. Diese sind zuvor in der *Lebensmittelzeitung*, dem Branchenblatt, erschienen.
- Lebensmitteljob *(www.lebensmitteljob.de)*: Ob Bäckereien oder Lebensmittelhandel, Techniker oder Verkäufer – rund 100 Jobs aus der Branche in Deutschland, Österreich und der Schweiz werden hier angeboten.

Gesundheit

- Health Job *(www.health-job.net)*: Hier werden für die Gesundheitsbranche medizinisch geschulte und interessierte Menschen vom Arzt bis zur Sekretärin gesucht. Eine Mailingliste hält Sie auf dem Laufenden. Auftraggeber sind zum Beispiel das Deutsche Rote Kreuz oder die Barmer Krankenkasse.

Ingenieure und Technik

- Ingenieurkarriere *(www.ingenieurkarriere.de)*: Die Jobbörse der *VDI Nachrichten*, des bekanntesten Branchenblatts (und Verbands), bietet viele Positionen für Hochqualifizierte und Führungskräfte, auch für Top-Manager, sowie ein umfassendes Beratungs- und Informationsangebot.

Informationstechnologie und Telekommunikation

- Computerjobs *(www.computerjobs.de)*: Die Jobbörse der Zeitschrift *PC Praxis* zeigt einen bunten Mix aus Nebenjobs, hochqualifizierten und freiberuflichen Tätigkeiten im ganzen Bundesgebiet.
- Computerwoche *(http://stellenmarkt.computerwoche. de)*: Die Online-Ausgabe der Fachzeitschrift bietet ausgewählte Angebote für hochqualifizierte Spezialisten im Bereich EDV, IT und Telekommunikation. Auch Stellenangebote wie Hochschulprofessuren werden veröffentlicht. Das Informationsangebot im Internet ist ebenfalls auf höchstem Niveau.
- Stepstone IT *(www.stepstone.de/it)*: Informatiker, Techniker, Ingenieure haben jede Menge Auswahl. Rund 3.000 Stellen auf zumeist hohem Niveau: Consultants und Programmierer sind hier ebenso gesucht wie Vertriebler.
- Heise Online *(www.heise.de/jobs)*: Heise, der Verlag hinter der Fachzeitschrift *c't*, ist eine der ersten Adressen, wenn es um IT-News geht. Hier wird überwiegend nach hochqualifizierten Bewerbern gesucht – auch in der Schweiz.

Jura

- Marktplatz Recht *(www.marktplatz-recht.de/stellenmarkt)*: Ist die erste Anlaufstelle im Internet – vor allem für Juristen und Rechtsanwälte. Aber auch der eine oder andere BWLer wird hier gesucht. Das Angebot umfasst rund 30 aktuelle Stellen. Es ist möglich, ein Stellengesuch aufzugeben.

Kultur

- DTHG *(www.dthg.de)*: Ob Anzeigen vom Thalia Theater in Hamburg oder von den Bühnen der Stadt Köln – der Fachverband der Profis für Theater, Film, Fernsehen, Show oder Event bietet Insider-Stellenanzeigen.
- Kultnet *(www.kultnet.de)*: Hier finden Kleinkunst-Interessierte Angebote für Castings etc. Außerdem gibt es zahlreiche Adressen für Bewerbungen.
- wilabonn *(www.wilabonn.de)*: Der Wissenschaftladen Bonn sammelt Stellenanzeigen aus dem Bereich Kultur und Soziales und verschickt sie für wenige Euro.
- Theaterjobs *(www.theaterjobs.de)*: Diese Börse ist leider kostenpflichtig – dafür aber direkt aus der Szene und sehr auserlesen.

Landwirtschaft

- Agrijob *(www.agrijob.de)*: Vom Verkaufsberater bis zum Gemüsehändler: Hier gibt es nicht viele, aber interessante Stellen, vor allem für Fach- und Führungskräfte.
- Top Agrar *(www.topagrar.com)*: Die Jobbörse der Zeitschrift besitzt ein paar Dutzend Stellen, zum Beispiel für Agraringenieure, aber auch für Gemüsegärtner und Berater. Die Annoncen sind zuvor in der Zeitschrift erschienen.

Logistik

- Logistik-Jobs *(www.logistik-jobs.de)*: Dies ist wohl die größte Jobbörse für Logistiker, in der bekannte Speditionen inserieren.

Medizin und Pharma

- Ärzteblatt *(www.aerzteblatt.de)*: Diese Site wartet mit mehr als 1.200 Stellen auf – darunter reine Online-Stellenangebote und Anzeigen aus den letzten sechs Wochen der Printausgabe des Marktführers in diesem Fach. Ob Anatomie oder Urologie – hier wird vom Assistenzarzt bis zum Chefarzt alles gesucht. Außerdem gibt es Informationen über Praxisabgaben und Praxisgesuche.
- Pharmajob *(www.pharmajob.info)*: Das professionelle Angebot bietet eine Handvoll Inserate und die Möglichkeit zur Online-Bewerbung, außerdem die Volltextsuche für die Stellenangebote. Genial für die Initiativbewerbung: Über eine Landkarte lassen sich die Standorte und Adressen von Pharmafirmen in ganz Europa abfragen.

- BVA *(www.bva-online.de)*: Der Bundesverband der Angestellten in Apotheken veröffentlicht Stellenangebote in Apotheken. Sehr viele Jobs gibt es in der Branche anscheinend jedoch nicht.

Multimedia

- Medienhandbuch *(www.medienhandbuch.de)*: Das Handbuch ist Anlaufstelle für Redakteure, Texter, Grafiker und andere Kreative, etwa aus dem Filmbereich, die einen Einstiegsjob oder ein Praktikum suchen. Manchmal finden sich im Medienhandbuch auch witzige Nebenjobs wie »Quizfragenschreiber«. Die Angebote sind mit Datum versehen.
- Multimedia *(www.multimedia.de)*: Rund 60 Angebote für Menschen aus der Multimediabranche sind zu finden – Screendesigner oder Projektleiter zum Beispiel, davon rund zwei Drittel Praktikumstellen. Es gibt ein gutes Zusatzangebot mit Foren, News et cetera. Zu viele Stellengesuche – da besteht kaum Aussicht auf Resonanz seitens der Arbeitgeber.

PR und Journalismus

- PR Journal *(www.pr-journal.de)*: PR-Berater, Trainees, Volontäre, Manager – hier trifft sich die Branche, um die neuesten Nachrichten und Jobanzeigen zu lesen.
- Newsroom *(www.newsroom.de)*: Die Site verfügt über Anzeigen, die aus verschiedenen Quellen gesammelt und für die Zielgruppe der Medienberufe zusammen gestellt werden. Wer es ganz aktuell möchte, muss dafür jedoch zahlen.
- DJV *(www.journalist.de)*: Das Online-Angebot des DJV (Deutscher Journalistenverbund) bringt die Anzeigen der Printausgabe schon vor der Veröffentlichung – sie sind allerdings nur von Mitgliedern abrufbar. Klassische Stellen in Redaktionen sowie Pressestellen von Unternehmen und öffentlichen Einrichtungen werden angeboten.
- Journalismus.com *(www.journalismus.com)*: Das zentrale Portal der Journalisten besitzt auch einen Stellenmarkt, der aber eher kleinere Anbieter anzieht als große Redaktionen.

Öffentlicher Dienst

- Bund *(www.bund.de)*: Hier sind offizielle Behörden-Stellen aus der gesamten Bundesrepublik, unter anderem bei Ministerien zu finden. Alle Qualifikations- und BAT-Gehaltsstufen. Der Service ist top:

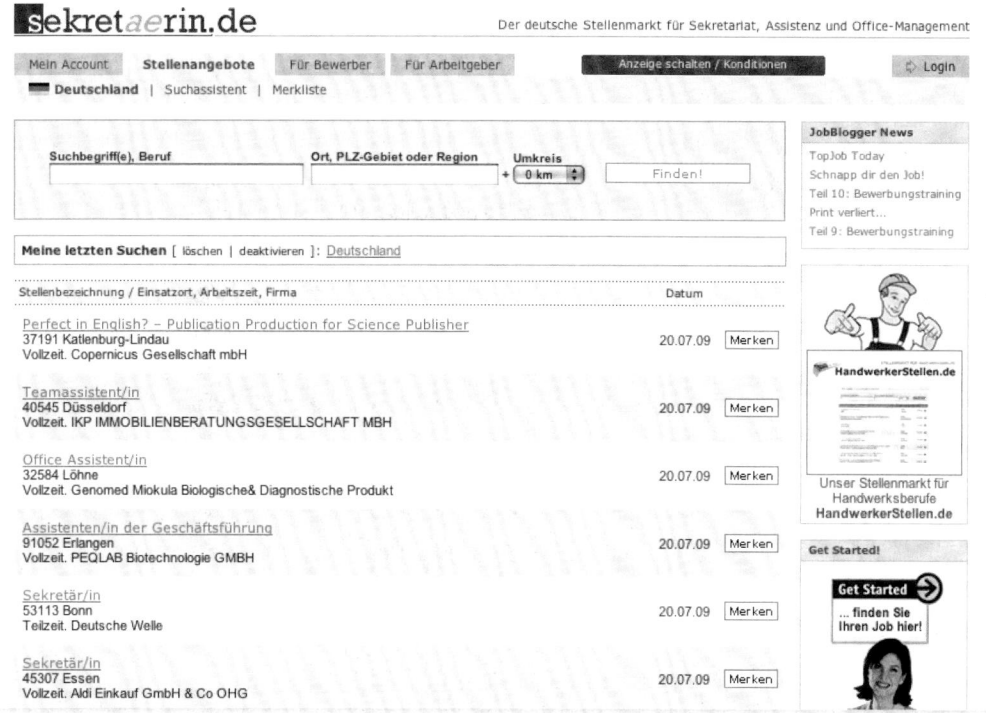

Das Jobportal sekretaerin.de gibt an, ob Online-Bewerbungen möglich sind.

Ein E-Mail-Abo schickt regelmäßig aktuelle Jobausschreibungen zu.

Textilwirtschaft, Mode und Design

- Fashion Base *(www.fashion-base.de)*: Fashion Base ist ein Modeportal und bietet Infos rund um das Thema. Es gibt nur wenige Angebote – aber wenn das Richtige darunter ist, wird Sie das kaum stören. Auch Bewerber können Inserate aufgeben.
- Textination *(www.textination.de)*: Absolventen können ihr Profil einstellen und sich von Arbeitgebern suchen lassen. Die Nachrichten aus der Branche sind ideal, um die Initiativbewerbung strategisch vorzubereiten.
- Textilwirtschaftsnetwork *(www.twnetwork.de)*: Dies ist die Anlaufstelle für alle, die mit Textilien zu tun haben – ob im Bereich Produktion, Entwurf oder Marketing. Es gibt ein umfassendes Zusatzangebot und viele Infos.

Sekretariat

- Sekretaerin.de *(www.sekretaerin.de)*: Rund 1.200 Jobs rund ums Office – mehr gibt es sonst fast nirgendwo. Es steht immer dabei, ob eine Online-Bewerbung möglich ist oder nicht.

Soziales

- Psychjobs *(www.hogrefe.de/PsychJob/index.html)*: Aktuelle und veraltete Stellen sind hier bunt vermischt. Dennoch ist diese Jobbörse, die der Verlag Hogrefe gemeinsam mit der Deutschen Gesellschaft für Psychologie anbietet, eine gute Anlaufstelle. Ein E-Mail-Abo gibt es auch, außerdem können Sie ein Stellengesuch aufgeben.
- Siehe auch *www.wilabonn.de* (→Kultur)

Werbung und Marketing

- Horizont *(www.horizont.net)*: Die »kleine« Konkurrenz der großen »*Werben & Verkaufen*« hat das übersichtlichere Jobangebot mit weitaus klareren Stellenbeschreibungen und besseren Suchfunktionen. Hier inserieren Agenturen, Unternehmen und Medien auf der Jagd nach kreativen Köpfen.
- Werbeagentur *(www.werbeagentur.de)*: Models, Tänzer, Visagisten, Kreative: Hier werden Leute gesucht, die die Werbebranche braucht. Die Anzeigen können nur Mitglieder lesen, die Mitgliedschaft ist allerdings kostenlos. Das Portal stellt eine sehr gute Basis für die Initiativbewerbung dar, da es auch zahllose Adressen bereithält. Zudem gibt es hier eine sehr gute Übersicht über die verschiedenen Branchenverbände.

- Werben & Verkaufen *(www.wuv.de)*: Die Jobbörse der Zeitschrift *Werben & Verkaufen* richtet sich an Fachleute aus den Bereichen Kontakt, Anzeigenverkauf, Marketing, PR, Online und Multimedia. Die übersichtliche Suche macht das Finden spezieller Jobs nach Region und Branche wesentlich einfacher als die Printausgabe.

Umwelt

- Greenjobs *(www.greenjobs.de)*: Nicht der grüne Daumen ist hier gefragt, sondern Umweltbewusstsein. Dann ist es egal, aus welchem Beruf Sie kommen. Greenjobs sucht Ingenieure genauso wie Justitiare oder auch Logistiker. Stellenanbieter sind das Bundesamt für Naturschutz, aber auch Wirtschaftsunternehmen.

Vertrieb

- Salesjob *(www.salesjob.de)*: Die Site bietet fast 1.600 Anzeigen nur für Vertriebler im Innen- und Außendienst – diese Stellenbörse ist top.

Personalberatungen

- Kienbaum *(www.kienbaum.de)*: Die größte und bekannteste deutsche Personalberatung hat auch Stellenangebote direkt auf Ihrer Homepage. Aus fast jeder Branche ist etwas dabei, der Schwerpunkt liegt auf Fach- und Führungskräften. Kienbaum inseriert auch bei Stepstone.
- Michael Page *(www.michaelpage.de)*: eine weltweit aktive Personalberatung, die unter anderem eine ideale Anlaufstelle für Ingenieure, im Bereich Financial/Controlling sowie für Marketing- beziehungsweise Vertriebsspezialisten bietet. Es handelt sich um einen sehr guten Internet-Auftritt, der Bewerbern die Möglichkeit gibt, ihren Lebenslauf online einzureichen.
- Personal Total *(www.personal-total.de)*: Fast 1.600 Stellen bietet diese Personalberatung, die bundesweit mehr als 40 Partner hat. Der Schwerpunkt von Personal Totel liegt auf Fach- und Führungskräften.

Zeitarbeitsfirmen

Zeitarbeit kann zum Sprungbrett in eine dauerhafte Position werden. Wenn ein Unternehmen Sie kennenlernt und wertschätzt, wird es Sie auch gerne einstellen. Schließlich sind Sie getestet und für gut befunden worden.

- Adecco *(www.adecco.de)*: Adecco sucht Kaufleute, aber auch zahlreiche niedriger qualifizierte Arbeitskräfte aus dem gewerblichen Sektor. Online fanden sich zum Redaktionsschluss rund 1.000 Angebote.
- DIS AG *(www.dis-ag.de)*: DIS AG ist vor allem auf Fachkräfte in den Bereichen IT, Finanzen und Engineering spezialisiert und besitzt 150 Niederlassungen weltweit.
- Manpower *(www.manpower.de)*: Manpower ist weltweit die Nummer eins und hat auch in Deutschland fast 70 Niederlassungen. Ihre Schwerpunkte sind Bürokräfte sowie kaufmännische Berufe.
- Randstadt *(www.randstadt.de)*: Fast 5.000 Jobs bietet dieser Marktführer in der Zeitarbeit, 60.000 Mitarbeiter beschäftigt Randstadt.

Jobbörsen für Führungskräfte

Einige Stellenmärkte haben sich auf die Klientel der Besserverdienenden konzentriert, etwa Experteer *(www.experteer.de)*. Die Jobbörse spricht die Gehaltsklasse ab 60.000 Euro an. Interessenten stellen ihren Lebenslauf ein und warten auf die Kontaktaufnahme durch einen Headhunter, wenn sie nicht selbst ein passendes Angebot finden. Diese Art der passiven Suche ist erst einmal kostenlos, Premium Services sind gebührenpflichtig. Konkurrent von Experteer ist Placement24, das dieselbe Zielgruppe anvisiert.

Trick 17 – alle Stellenmärkte zum Job auf einen Klick

Zu irgendetwas muss die Arbeitsagentur doch gut sein: als
Wegweiser zu den besten Stellenmärkten für den eigenen Beruf.
Wie diese Stellenmärkte zu finden sind, weiß jedoch kaum
jemand, weil es nirgendwo darüber Informationen gibt und die
Arbeitsagentur online keine Tipps gibt.

Wir lüften das Geheimnis:

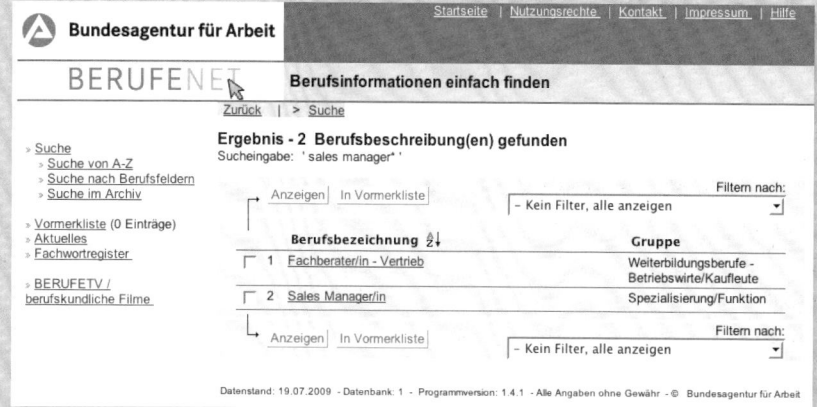

1. Rufen Sie die Seite
   www.arbeitsagentur.de auf.

2. Wählen Sie den Menüpunkt
   »berufe.net«.

3. Sie erhalten nebenstehende
   Ansicht. Geben Sie hier
   den beruflichen Funktions-
   bereich ein, zum Beispiel
   »Sales Manager«.

4. Entscheiden Sie sich in der folgenden Ansicht
   für die für Sie passende Variante.

6. Wählen Sie jetzt »Stellen/Bewerbersuche«.

7. Sie erhalten eine Übersicht mit Stellenmärkten,
   die Jobangebote für Sales Manager parat halten.

Diese Übersichten sind äußerst gut recherchiert.
Dies gilt auch für die ebenfalls genannten Stellenmärkte im europäischen Ausland.

(zum Seitenanfang)

Stellen- und Bewerberbörsen

Stellenangebote in Deutschland und im deutschsprachigen Ausland

- Aussendienst-Job.de
  Ein Stellenmarkt für Außendienst- und Vertriebskräfte aller Branchen und
  Qualifikationsniveaus.

- Branchenportal Vertrieb - Beratung - Telesales
  Unter dem Dach des Onlinedienstes stellenanzeigen.de gibt es hier zahlreiche und
  aktuelle Angebote für Vertriebsfachleute praktisch aller Branchen.

- GET A HEAD
  Personalfachvermittlung mit Internet-Jobbörse für Fachkräfte der Bereiche
  Finanz-/Rechnungswesen, Controlling, IT, Personalwesen, Sekretariat,
  Vertrieb/Marketing. Ein breites Angebotsspektrum für Fach- und Führungskräfte.

- handelsvertreter.de
  Internetplattform für den Vertrieb, die neben einigen aktuellen Informationen eine
  umfangreiche Jobbörse für Handelsvertreter und den Außendienst enthält.

- Jobs im Handel
  Stellenmarkt für den Einzelhandel. Neben der Jobbörse bietet die Website auch die
  Möglichkeit, über entsprechende Links direkt zu Handelsunternehmen zu gelangen oder
  aber den eigenen Lebenslauf im Rahmen eines Stellengesuchs zu präsentieren.

- salesjob
  Internet-Karriereplattform für Mitarbeiter und Führungskräfte im Vertrieb. Die
  Überschriften der Anzeigen mit den wichtigsten Angaben zur Position lassen sich
  chronologisch sortieren, Links führen direkt zu den Stellenanbietern.

- VertrieblerMarkt.de
  Die Angebote dieser Jobbörse für den Vertrieb können regional, nach Branche oder
  Namen des inserierenden Unternehmens gefiltert werden. Ein Klick auf ein interessantes
  Angebot führt meist zur Original-Anzeige der ausschreibenden Stelle im PDF-Format.

Stellenangebote im europäischen Ausland

- Emploi-Distribution.com
  Französischsprachige Jobbörse für Handel und Vertrieb. Die Angebote, die vorwiegend
  aus Frankreich stammen, lassen sich nach Schlüsselbegriffen durchsuchen. Nach
  kostenloser Anmeldung sind zum Anzeigentext auch die Kontaktdaten der Inserenten
  zugänglich.

- InRetail
  Englischsprachiges Job Board mit Stellenangeboten aus dem Einzelhandel vieler
  Branchen. Theoretisch werden Positionen in ganz Europa angeboten, praktisch
  beschränken sich die Angebote jedoch meist auf Großbritannien.

- RetailCareers
  Englischsprachige Jobbörse für den Einzelhandel. Angebote - ausschließlich aus
  Großbritannien - z.B. für Filialleiter, Verkäufer oder Verkaufsassistenten in
  Handelsorganisationen vieler Branchen.

- simply sales jobs
  Europaweit tätige Jobbörse für Verkauf und Vertrieb in nahezu allen Branchen.
  Englischsprachig, Schwerpunkt der Angebote liegt auf Großbritannien.

Internationale Jobbörsen

In fast allen europäischen Ländern gibt es marktführende Stellenmärkte, die Sie über Google leicht recherchieren können. Zentrale Anlaufstelle sollte das Eures-Portal der Europäischen Union sein, die mit diesem Projekt die Mobilität innerhalb Europas stärken möchte.

- ESS-Europe *(www.ess-europe.de/jobs/)*: Nach Ländern unterteilt finden Sie hier 300 Jobbörsen aus europäischen Ländern.
- Stellen für Forscher *(www.eracareers-germany.de/portal/stellensuche_out.html)*
- Eures-Portal *(http://ec.europa.eu/eures)*: Europäische Jobbörse, über die auch sogenannte Eures-Berater kontaktiert werden können. Diese Berater unterstützen Sie, falls Sie sich in ein anderes Land bewerben möchten.

Großbritannien

Im UK bewerben Sie sich in der Regel über sogenannte Job Agencies. Marktführer ist die Stellenbörse *www.reed.co.uk* mit Angeboten aus allen Branchen und Funktionsbereichen. Weitere Seiten sind *www.hays.co.uk*, *www.monster.co.uk* oder *http://jobs.guardian.co.uk*.

USA

Der amerikanische Marktführer ist auch bei uns bekannt: *www.monster.com*. Weitere Jobbörsen sind z. B. *www.jobsearchusa.com* oder *www.bestjobsusa.com*. Wer direkt bei der Regierung arbeiten möchte, sucht bei *www.usajobs.gov*. Eine einfach zu bedienende Metajobsuchmaschine ist *www.indeed.com*.

Alles im Griff – Jobsuche effektiv

»Die hatte ich übersehen!« Leider kann das schnell passieren, denn die Traum-Jobanzeige findet sich oft nicht unter dem Stichwort, unter dem Sie sie suchen. Manche Suchsysteme sind so unübersichtlich, dass selbst Profis nicht alles aufspüren. Hier hilft es, die Besonderheiten der Suchmaschinen kennenzulernen – und die Suche zu systematisieren.

Nutzen Sie zudem nicht nur die Volltextsuche, mit der Sie den kompletten Anzeigentext recherchieren und entsprechend ungeordnete Ergebnisse erhalten. Die Detailsuche, mit der Sie Tätigkeitsbereiche, Branchen oder auch Regionen auswählen können, ist oft effektiver, da die Annoncen hier bereits zugeordnet sind. An zwei Beispielen zeigen wir Ihnen, wie Sie bei einer Suche effizient vorgehen.

Monster

1. Wählen Sie den Karrierestatus. Beispiel: Sie entscheiden sich für »Position mit Berufsplanung. Als nächstes wählen Sie, wie viel Beruferfahrung Sie besitzen.

2. Filtern Sie weiter, indem Sie die Berufsfelder klar umreißen und eine Branche auswählen. Sie gelangen dann auf das »Berufsfeld«

Karrierestatus

Schüler (348)	Mitglied der Gesc... (66)
Student (2925)	Vorstandsmitglied... (8)
Berufseinsteiger (2041)	
Berufserfahren (5000+)	
Management (Manag... (2955)	

Berufserfahrung in Jahren

Weniger als 1 Jah... (729)	10 bis 15 Jahre (52)
1 bis 2 Jahre (580)	Mehr als 15 Jahre (2)
2 bis 5 Jahre (1651)	
5 bis 7 Jahre (699)	
7 bis 10 Jahre (68)	

Branche

Abfallwirtschaft (1)	Bau/Baustoffhande... (36)	Druck/Papier/Verp... (15)	Fahrzeugbau/Kfz-Z... (61)
Anlagen-/Maschine... (149)	Bergbau/Metall/Bo... (12)	Einzelhandel (83)	Finanzdienstleist... (179)
Architektur/Desig... (8)	Biotechnik/Pharma... (73)	Elektrotechnik & ... (110)	Gemeinnützig (11)
Autohandel/Kfz-We... (18)	Buchhaltung/Steue... (70)	Energie-/Wasserve... (68)	Gesundheitswesen (120)
Bankdienstleistun... (159)	Chemie/Rohölprodu... (38)	Erziehung/Aus- & ... (37)	Gross-/Außenhande... (23)
Mehr...			

Kategorie

Administration/Sa... (244)	Handwerk (55)	Logistik und Tran... (69)	Produktion (63)
Aus- und Weiterbi... (37)	Hotel und Gastron... (5)	Marketing (132)	Projektmanagement (109)
Customer Service/... (200)	Ingenieurwesen/En... (338)	Medizin und Gesun... (139)	Qualitätswesen (83)
Design & Gestaltu... (25)	Instandhaltung (100)	Naturwissenschaft... (79)	Rechnungswesen/Fi... (396)
Geschäftsleitung/... (141)	IT/Informationste... (418)	Personalwesen (70)	Recht (85)
Mehr...			

Berufsfeld

Archivierung (10)	Organisation (69)
Assistenz (95)	Sachbearbeitung (139)
Auftragsabwicklun... (77)	Sekretariat (30)
Empfang/Telefonze... (19)	
Immobilienverwalt... (6)	

Es gibt **26** Jobs, die Ihren nachfolgenden Suchkriterien entsprechen.

Jobs anzeigen

Suchkriterien

- Administration/Sac...
- Assistenz
- Berufseinsteiger
- Letzten 7 Tage

3. Immer noch zu viele Ergebnisse? Durchsuchen Sie die Anzeigen weiter, z. b. danach, wie lange sie schon im Netz stehen. Monster zeigt Ihnen auf der Seite ständig an, wie viele Jobs durch Ihre Konkretisierung übrig bleiben.

Stepstone

1. Entscheiden Sie sich zunächst für ein Berufsfeld. Diese sind nicht immer eindeutig. So ist bei den Stepstone-Vorgaben beispielsweise nicht klar, in welchem der Berufsfelder sich ein Kundenberater »versteckt«. Probieren Sie im Zweifel mehrere Varianten aus.

29351 Jobs in Deutschland, Österreich und der Schweiz bei StepStone und **Partnern**.
Mehr als 400.000 Jobs **europaweit**.

Jobsuche nach Berufsfeld
Wählen Sie eines der aufgeführten Berufsfelder

    IT & Telekommunikation
    Ingenieurwesen & Technische Berufe
    Marketing & Werbung
    Vertrieb, Handel & Einkauf
    Banken/Sparkassen, Versicherungen & Finanzdienstleistu
    Finanz-/Rechnungswesen & Wirtschaftsprüfung
    Personalwesen
    Unternehmensführung/ Management

[Suchen]

2. Im zweiten Schritt zeigt Ihnen Stepstone die einzelnen Aufgabenbereiche innerhalb der Tätigkeitsgebiete. Die Zuordnung ist klar und lässt wenige Fragen offen. Zusätzlich können Sie Ihre Region auswählen.

Mehrfachauswahl möglich

    IT & Telekommunikation   ▼

Verfeinern Sie Ihre Auswahl.

    Anwendungsadministration
    Anwendungsanalyse
    Anwendungsbetreuung & Maintenance
    Data Warehouse
    Datenbankadministration
    Datenbankentwicklung
    DTP / Graphik

    [>>]
    [<<]

3. Die Ergebnisliste ist übersichtlich sortiert. Besonders praktisch: Ihre Auswahl lässt sich per Mausklick in den JobAgent übernehmen, der Ihnen regelmäßig Stellenangebote per E-Mail zuschickt. Auch hier empfiehlt sich der Gegentest über die Volltextsuche, um ganz sicherzugehen, dass Ihnen kein Inserat entgangen ist.

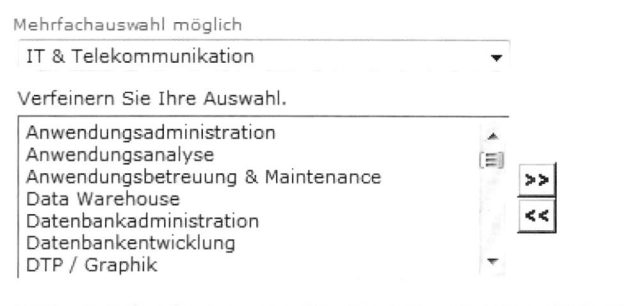

Unter dem Suchbegriff "Redakteur" wurden 47 Angebote gefunden.

Verfeinern Sie Ihre Suche: **Zurück zur Suchmaske**

| Berufsfeld | Region | Firma | Sortierung: Relevanz ▼ | Jobs per eMail |

Firma		Anzeigentitel	Zugang/Update
Dr. ZitelmannPB. GmbH	Dr. ZitelmannPB. GmbH	**Redakteur (in)** Feste Anstellung, Berlin	21.07.2009
BILFINGER BERGER	Bilfinger Berger AG	**Redakteur/in für die interne Kommunikation** Feste Anstellung, Mannheim	24.07.2009
(epos)	EPOS Personaldienstleistungen GmbH Engineering	**Technischer Redakteur m/w** Feste Anstellung, Grossraum Düsseldorf	21.07.2009
systaic	Systaic AG	**Technischer Redakteur (m/w)** Feste Anstellung, Düsseldorf	20.07.2009

StepStone **StepStone JobAgent**
Möchten Sie zu dieser Suche aktuelle Ergebnisse per eMail erhalten?
    eMail Adresse eintragen   **JobAgent abonnieren >**

STIEBEL ELTRON	Stiebel Eltron GmbH & Co.KG	**Redakteur technische Dokumentation m/w** Feste Anstellung, Holzminden	30.07.2009
Adecco	Adecco Personaldienstleistungen GmbH - Düsseldorf	**Technischer Redakteur (m/w)** Feste Anstellung, Chemnitz-Zwickau	30.07.2009
SIEMENS	Siemens AG PS RS	**Technischer Redakteur (m/w)** Feste Anstellung, Bonn	21.07.2009
recommind	Recommind GmbH	**Technischer Redakteur (m/w) Softwaredokumentation** Feste Anstellung, Rheinbach, Raum Köln-Bonn	30.07.2009

Zeitsparend und effektiv:
Tipps für die systematische Jobsuche

Sie stöhnen beim Anblick der langen Listen auf den letzten Seiten? Kein Wunder! Selbst wenn Sie den ganzen Tag Zeit haben – alle Jobbörsen können Sie gar nicht im Blick behalten. Das hat verschiedene Gründe:

- Es gibt einfach zu viele Jobbörsen – niemand kann da den völligen Überblick behalten, vor allem, wenn Sie auch Unternehmenswebsites beobachten.
- Ihr Wunschjob findet sich oft ausgerechnet unter dem Stichwort, unter dem Sie es nicht vermutet haben.
- Die wirklich neuen Anzeigen sind nicht immer auf den ersten Blick zu erkennen. Oft aktualisieren Jobbörsen einfach das Datum des Inserats. Die Folge ist, dass alte Annoncen neu erscheinen, obwohl sie schon einen Monat und länger online sind.

Was tun? Systematisieren Sie Ihre Jobsuche!
Dies erfordert im ersten Schritt etwas Arbeit, wirkt sich aber langfristig positiv aus: Sie sparen eine Menge Zeit und kommen zu besseren Ergebnissen.

Checkliste: So suchen Sie gezielt nach Jobs

1. Stichwörter sammeln
Fragen Sie sich, unter welchen Stichwörtern Ihre Stelle zu finden sein könnte. Erfassen Sie die Begriffe in einer Tabelle.

Beispiel:
- Dokumentar
- Rechercheur
- medizinischer Dokumentar
- Dokumentar Medizin

Denken Sie daran, dass (Such-)Maschinen nicht intelligent sind: Sofern sie keine ähnlichen Begriffe erkennt, wird sie den medizinischen Dokumentar finden, nicht aber den Medizin-Dokumentar. Neuere Suchmaschinen können das unterscheiden und nach dem Ähnlichkeitsprinzip finden.

So weit ist das einfach. Schwieriger wird es in all jenen Fällen, in denen Sie in Berufsfeldern arbeiten, die keine eindeutige Benennung haben. Sehr häufig wird etwa der Begriff Projektleiter oder -manager genutzt, wenn die Stelle nicht klar definiert ist und verschiedene Aufgaben umfasst. Auch »Sachbearbeiter« müssen für viele Aufgaben herhalten, die keine eindeutigen Bezeichnungen haben. Weitere Schwierigkeiten bereiten die Wortschöpfungen der Unternehmen. Kein Bewerber wird explizit nach einem »Third Party Maintenance Manager« suchen, einer Mischung aus Marketingmanager und Trainingsorganisator.

Legen Sie sich deshalb ein Archiv mit Begriffen an, das wächst und sich mit Ihren Erfahrungen ändert.

2. Branchen listen
Listen Sie im zweiten Schritt Branchen auf, die für Sie in Frage kommen. Skizzieren Sie dazu zunächst Ihre Kernbranche. Falls Sie in mehreren Branchen tätig waren, zeichnen Sie auf einem Blatt Papier mehrere Kreise auf, die Ihren Kernbereich darstellen. An diesen Kernbereich grenzen andere Bereiche – direkt oder indirekt. So ist die Musikbranche eng mit der Filmbranche verwandt, besteht zwischen Papierbranche und Druckindustrie ein enger Bezug, ebenso wie zwischen Bank und Versicherung. Direkte Bezüge gibt es auch zwischen Kernbranche und Zulieferindustrie. Indirekte Bezüge sind individuell und ergeben sich oft erst auf den zweiten Blick aus der Tätigkeit Ihres Unternehmens. Waren Sie für ein Marktforschungsinstitut tätig, so können sich beispielsweise aus der Liste der Institutskunden Berührungspunkte ergeben. Stammten diese aus dem Pharmabereich? Dann könnte ein Wechsel für Sie nicht nur interessant, sondern auch realistisch sein. War Ihr Brötchengeber ein Stromversorger? Mit Zusatzargumenten – etwa Ihrem gesellschaftlich-politischen Engagement für grünen Strom – könnten Sie auch in den Bereich »Umwelt« schauen.

Erstellen Sie eine Branchenliste analog zu der Stichwortliste. Die meisten Stellenmärkte erlauben Ihnen eine Recherche im Volltext oder über eine Suchmaske, die auch nach Branchen filtert. Dies führt dazu, dass Ihre Suche sich oft in zwei Schritte gliedert.

Ideal ist die Vorgehensweise bei Stepstone, wo Sie nach einer Berufsfeldauswahl (zum Beispiel Medien) Funktionsbereiche auswählen und sogleich auch eine örtliche Vorauswahl treffen können. Die Ergebnisse sind hier klar gefiltert und den Branchen zugeordnet.

3. Suchmaschinen ermitteln

Welche Suchmaschinen haben die besten Jobs für mich? Die Antwort darauf erhalten Sie nur durch Ausprobieren. Berücksichtigen Sie auch die Branchenstellenmärkte auf den vorangegangenen Seiten. Erstellen Sie eine individuelle Hitliste und besuchen Sie die ersten fünf Jobbörsen auf Ihrer Liste wöchentlich, die nächsten fünf alle zwei Wochen und den Rest einmal monatlich.

Probieren Sie Meta-Jobsuchmaschinen wie *www.kimeta.de* und *www.iijobs.de* aus. Wer findet was? Oft doppeln sich die Ergebnisse, und Sie können Suchmaschinen aus Ihrer Liste streichen.

4. Lieblingsunternehmen beobachten

Bei welchen Unternehmen würden Sie so richtig gerne arbeiten? Erstellen Sie eine Übersicht mit mindestens zehn Firmen und besuchen Sie deren Seiten alle zwei Wochen.

5. Erweitern Sie Ihre Übersicht!

Lernende Systeme verändern sich ständig. Dies gilt auch für Ihr System bei der Jobsuche. Fügen Sie neue Unternehmen und Stichwörter hinzu, lernen Sie neue interessante Tätigkeitsfelder kennen.

Welches sind die richtigen Stellenmärkte für mich?
a) Unternehmensstellenmärkte
b) allgemeine Online-Stellenmärkte
c) berufsbezogene Online-Stellenmärkte
d) branchenbezogene Online-Stellenärkte
e) Meta-Jobsuchmaschinen, die mehrere Stellenmärkte durchsuchen

Tech-Anleitung: Mit Bookmarks arbeiten

Bei Ihrer Stellensuche sollten Sie die Favoritenliste nutzen, um schneller zu Ihren Lieblingsstellenmärkten zu kommen und nicht immer Adressen nachlesen zu müssen. Speichern Sie diese in Ordnern mit aussagekräftigen Namen, sodass Sie die entsprechenden Seiten regelmäßig absurfen können.

Das geht so:

1. Wählen Sie den Menüpunkt »Favoriten« im Internet Explorer.
2. Erstellen Sie einen neuen Ordner, z. B. »Branchenstellenmärkte Logistik«.
3. Wählen Sie den Ordner durch Klick mit der Maus aus.
4. Speichern Sie die Seite oder auch Unterseite.
5. Erstellen Sie einen Strategieplan für Ihre Suche: Nach welchen Tätigkeiten suchen Sie, nach welchen Positionen, in welchen Regionen, Branchen und bei welcher Art von Unternehmen?
6. Betreiben Sie Ihre Jobsuche so systematisch wie ein Projekt. Definieren Sie Ziele und Meilensteine bei der Suche (zum Beispiel Erstellung eines Lebenslaufes, erster Initiativanruf bei einem Unternehmen).
7. Halten Sie jeden Schritt schriftlich fest, berücksichtigen Sie vor allem auch Gesprächsnotizen. Was hat Herr Meier bei Ihrem Anruf gesagt? Welche Vereinbarung haben Sie getroffen?
8. Suchen Sie nicht nur im Internet, sondern auch »offline«.
9. Suchen Sie nicht allein nach Stellenangeboten, sondern auch nach Hinweisen, wo demnächst neue Jobs entstehen könnten.
10. Berücksichtigen Sie die Stellenmärkte der Unternehmen selbst.
11. Erstellen Sie eine Liste mit mindestens fünf für Sie relevanten Stellenmärkten.
12. Besuchen Sie diese Stellenmärkte mindestens alle drei Tage oder beziehen Sie ein E-Mail-Abo (Glossar).
13. Nutzen Sie das Internet als Informationsmedium: Wer, was, wo, wann? In Pressemeldungen und Zeitungsarchiven können Sie viel über Firmen lesen, die Sie interessieren.

Finden und gefunden werden im Web 2.0

Der verdeckte Stellenmarkt umfasst fast 70 Prozent aller Stellen. Manche Experten vermuten, dass es sogar noch mehr sind. Dabei handelt es sich um Positionen, die zwar im Entstehen begriffen sind, aber nicht öffentlich gemacht werden. Die Gründe hierfür sind vielfältig: Häufig können Unternehmen bereits auf Bewerber zurückgreifen, wenn sich abzeichnet, dass Fachkräfte gebraucht werden – entweder aus einem Pool von Initiativbewerbungen oder aus dem direkten Umfeld der Firma oder dem Bekanntenkreis. Warum sollte ein Unternehmen es auf sich nehmen, teure Anzeigen zu schalten? Zumal jede Annonce nicht nur Kosten, sondern auch die mitunter komplexe und langwierige Bewerberauswahl mit sich bringt.

Solchen verdeckten Stellen auf die Spur zu kommen ist regelrechte Detektivarbeit. Sie fordert von Ihnen, viel zu lesen und zwischen den Zeilen zu interpretieren. Sie verlangt Mut und den Willen, auch ungewöhnliche Wege zu gehen.

Sie sollten sich dabei selbstverständlich nicht nur auf das Internet konzentrieren, sondern auch auf andere Medien und Ihr persönliches Umfeld.

Tipps für die Online-Suche nach verdeckten Stellen

- Lesen Sie in Zeitungsarchiven alles über Ihre Wunschunternehmen.
- Schließen Sie aus Expansionsplänen, Umstrukturierungen oder Filialeröffnungen auf neue Stellen. Seien Sie mit Ihrer Bewerbung präsent, wenn ein Job entsteht.
- Lassen Sie sich über »Google Alert« benachrichtigen, wenn etwas über Ihr Wunschunternehmen berichtet wird: Google Alert ist Teil des Nachrichtenkanals von Google. Hier können Sie Meldungen über bestimmte

Stichwörter bestellen. Immer wenn eines davon in einer Publikation vorkommt, erhalten Sie per E-Mail eine Benachrichtigung.

Und so geht es:
- Besuchen Sie die Website *www.google.de* und klicken Sie die Registerlasche »News«.
- Suchen Sie in dem sich jetzt öffnenden Fenster auf der linken Seite den Begriff »News Alert« und klicken Sie darauf.

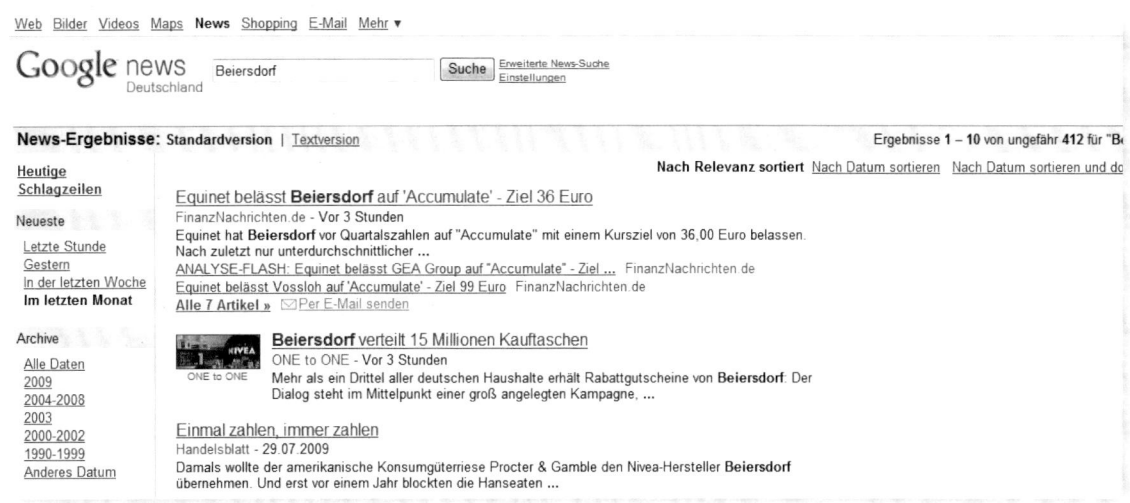

- Tragen Sie nun den Namen des Unternehmens ein. Wählen Sie, ob Sie Nachrichten aus Zeitungen oder auch von Webportalen erhalten wollen (empfehlenswert »News & Internet«).
- Recherchieren Sie darüber hinaus in der Zeitungssuchmaschine *www.paperball.de* nach relevanten Unternehmensnachrichten.
- Beobachten Sie die Pressemitteilungen und den Investor-Bereich auf der Website Ihrer Wunschunternehmen. Hier werden neue Entwicklungen oft zuerst publiziert.
- Lesen Sie die Websites der Berufsverbände, die für Ihre Branche zuständig sind (beispielsweise *www.twnetwork.de* für die Textilbranche).

Entwicklungen in der Branche werden hier zuerst thematisiert. Sie erfahren, wer neu am Markt ist und welchen Unternehmen es schlecht geht. Auch Unternehmensstrategien werden dargestellt.

- Kontaktieren Sie Fachleute über E-Mail: Einem fachlichen Austausch sind die wenigsten Experten abgeneigt. Wenn Sie Adressen von interessanten Menschen im Internet finden, sprechen Sie diese einfach per E-Mail an. Fragen Sie nicht sofort nach einem Job, sondern suchen Sie zunächst das virtuelle Gespräch. Später können solche Personen Helfer sein, wenn es darum geht, Bedarf an Arbeitskräften zu erfragen oder eine Bewerbung an die richtige Stelle zu befördern.

```
Sehr geehrter Herr Fischer,

Sie sind Experte für Customer
Relationship Management, und ich möchte
mich Ihnen als Projektleiter für diesen
Bereich vorstellen. Ich suche jemanden
mit einer Meinung zur Software ABC der
CBA People AG - und bin mir nach allem,
was ich über Sie gelesen habe, sicher,
dass Sie mir helfen können.

Mit freundlichen Grüßen
Ulf Schneider
```

Beispiel für eine E-Mail an einen Experten.

Bei ausgeschriebenen Jobs ist Ihre Konkurrenz groß, stark und deutlich sichtbar. Sie müssen sich gegen 50, 100 oder gar 500 Mitbewerber durchsetzen. Das schaffen Sie nur mit einem extrem gradlinigen Profil und viel Glück. Für Sie ist es also ein unschätzbarer Vorteil, zur richtigen Zeit am richtigen Ort zu sein – dann haben Sie viel weniger Konkurrenz und finden mehr Beachtung.

Der verdeckte Stellenmarkt verbirgt sich beispielsweise hier:

- im Handelsregistereintrag bei der IHK (auch online einsehbar) – wer hat neu gegründet oder umfirmiert?
- im Auszug der Handwerkskammern
- in den Listen der Neuzugänge bei den Kammern (Rechtsanwälte, Ärzte)
- in der Nachricht über die Praxisneueröffnung im Wochenblatt
- in der Nachricht über eine Firmenneugründung
- in einem Presseartikel, der über geänderte Strategien, Wachstum oder neue Filialeröffnungen berichtet

Der verdeckte Stellenmarkt auf Websites

Im Internet gibt es auf den Karriereseiten der Unternehmen einen verdeckten und doch öffentlichen Bereich.

Immer mehr Firmen – gerade die großen – publizieren bestimmte Jobs ausschließlich auf der eigenen Website. Sie werden damit lediglich den Besuchern der Website zugänglich, also jenen, die gezielt recherchieren und an der Firma besonders interessiert sind. Ihre Bewerbung wird automatisch zielgerichteter sein als die Bewerbung von jemandem, der sich überall bewirbt und keine besonderen Wünsche an Branche und Unternehmen hat. Firmen bevorzugen jene Bewerber, die wissen, was und wohin sie wollen.

Tipp

Mit der Software A web Secretary (*http://baruch.ev-en. org/proj/websec*, englisch) beobachten Sie eine Auswahl von Websites, die Sie selbst festlegen. Immer, wenn sich etwas verändert, werden Sie benachrichtigt. Sie sparen sich somit den »Klick auf gut Glück«

Der verdeckte Stellenmarkt in Newslettern und Mailinglisten

Wirklich verdeckt und abgeschottet vom Zugriff »Unbefugter« sind Stellenangebote, die über Newsletter und Mailinglisten verbreitet werden. Mailinglisten sind Diskussionslisten per E-Mail, in denen sich an einem Fachthema interessierte Menschen zusammengeschlossen haben. Jobs werden dort gerne im internen Kreis veröffentlicht. Solche Mailinglisten setzen teilweise eine Anmeldung und Mitgliedschaft voraus, und sie sind schwer zu recherchieren, denn man erfährt von ihnen meist nur durch Mundpropaganda. Anlaufstelle für Ihre Recherche sind Verzeichnisse und Anbieter von Mailinglisten:

- *www.yahoogroups.de*
- *www.kbx.de*

Der verdeckte Stellenmarkt außerhalb des Internets

Es gibt glücklicherweise nicht nur das Internet, sondern nach wie vor auch andere Medien – und Menschen, die Sie leibhaftig ansprechen können. Bekannte und Freunde können beispielsweise die schwarzen Bretter Ihrer Arbeitgeber für Sie inspizieren oder Personaler- und Mitarbeiterzeitschriften für Sie sammeln. Und Sie selbst können auch eine Menge tun: beispielsweise regelmäßig Messen und Kongresse besuchen. Versäumen Sie auch Events nicht, bei denen sich Ihre Branche trifft.

Informieren Sie alle über Ihre Jobsuche: neben Freunden und Bekannten auch Ihre früheren Kollegen. Überlegen Sie mit jedem gemeinsam, was er für Ihre Jobsuche tun kann. Dazu ein paar Anregungen:

- Ehemalige Kollegen können für Sie auch bei neuen Arbeitgebern Kontakte herstellen, vorfühlen, Wege bereiten.
- Freunde und Bekannte können für Sie Termine für Gespräche mit Entscheidern vereinbaren.
- Der frühere Chef und Kollegen können Ihren Lebenslauf weiterreichen – an Zulieferer der eigenen Firma, Messekontakte, private Kontakte, Vereinskollegen, Sportkameraden und so weiter.
- Freunde und Bekannte können für Sie die Jobsituation in der eigenen Firma beobachten und Sie auf dem Laufenden halten, wenn sich etwas tut … weil die Kollegin schwanger ist oder der Kollege befördert wird, weil eine Abteilung umstrukturiert oder erweitert wird, weil der Export anzieht oder sich neue Geschäftsfelder eröffnen.

Initiativ bewerben über das Internet

Nur 30 Prozent aller Stellen werden öffentlich ausgeschrieben – die Tendenz ist fallend. Immer mehr Unternehmen ziehen sich mit ihren Inseraten beispielsweise auf die eigene Website zurück. Sie schränken den Bewerberkreis damit auf Kandidaten ein, die sich für das Unternehmen interessieren und deshalb auch regelmäßig auf dessen Websites schauen. Andere Stellen werden an Initiativbewerber vergeben, die sich zum passenden Zeitpunkt vorgestellt haben, oder an Bewerber aus dem Umfeld – Bekannte von Mitarbeitern oder Praktikanten beispielsweise.

Ihre Aufgabe ist es also,

1. sichtbar zu sein, wenn eine interessante Stelle für Sie entsteht,
2. interessante Jobs an Stellen ausfindig zu machen, die nur einer kleinen Öffentlichkeit oder einem Insiderkreis vorbehalten sind.

Folgende Tipps helfen Ihnen, präsent zu sein:

- Aktivieren Sie Ihre Kontakte und informieren Sie diese gezielt über Ihre Jobsuche. Nur wer weiß, dass Sie einen Job suchen, kann Ihnen einen anbieten.
- Besuchen Sie Messen und Kongresse. Werden Sie aktiv in Branchen- und Berufsverbänden.

- Mit Fachartikeln und Expertenbeiträgen im Internet machen Sie Ihren Namen bekannt.
- Stellen Sie sich Unternehmen vor, zu denen Sie passen, und bewerben Sie sich initiativ. Suchen Sie auch dann den persönlichen Kontakt, wenn aktuell keine Stelle verfügbar ist – die Situation kann sich schließlich ändern.

Infos sammeln, wo Sie können

Infosammler sind die erfolgreicheren Jobsucher – sofern sie es schaffen, die Information in Kapital umzuwandeln, anstatt diese nur für sich zu behalten.

Beobachten Sie Ihre Lieblingsfirmen und Ihre Branche:

- Was tut sich?
- Wer expandiert?
- Wer strukturiert um?
- Wer verlagert Kernkompetenzen?
- Wo öffnen sich neue Geschäftsfelder?

Reagieren Sie schnell, wenn Sie von neuen Entwicklungen hören. Wenn ein Damenmodenhersteller ab dem Frühjahr auch Kindermoden designt und vertreibt, könnten sich hier neue Vertriebschancen eröffnen. Vielleicht werden bald neue Shop-in-Shops eröffnet? Ganz sicher aber werden neue Mitarbeiter gesucht.

Kreative Bewerbungen über das Internet

Wie kann ich mich im Internet von den anderen abheben?

Alles so schön bunt hier: da ein Knopf und hier ein Banner. Das Internet verführt dazu, sich kreativ auszutoben. Es werden Digitalfotos in Photoshop mit schrillen Hintergründen versehen, Websites oder Animationen gezaubert.

Das alles können Sie gerne machen. Aber bitte nur, wenn es gut ist und zu Ihrer angestrebten Funktion und Ihrer Branche passt. Genau daran krankt es bei vielen kreativen Internet-Bewerbungen. Statt auf den Inhalt konzentrieren sich viele Bewerber auf das technische und gestalterische Drumherum.

Doch Unternehmen wünschen sich eine aussagekräftige Bewerbung, ob auf Papier oder in einer E-Mail. Die Gestaltung sollte Aussagen unterstreichen und kleine Akzente setzen, mehr nicht – aber auch nicht weniger.

Das gelingt Ihnen am besten, indem Sie zunächst, wie in den vergangenen Kapiteln beschrieben, den Inhalt festlegen und sich dann über die »Verpackung« Gedanken machen.

Bewerbungshomepage

Als einziges Instrument zur Bewerbung ist eine Website sicher nicht geeignet. Als *Added Value*, also Sahnehäubchen obendrauf, kann Sie Ihnen dagegen nützlich sein – vorausgesetzt, Sie wissen Ihre Seite sinnvoll zu nutzen. Machen Sie sich also zunächst Gedanken, wie Sie Ihre Seite im Netz zielgerecht einsetzen können. Denken Sie dabei vor allem darüber nach, wie sie in das Gesamtkonzept »Bewerbung« passt.

Fallbeispiel

Sind in Ihrem Beruf Arbeitsproben üblich, also beispielsweise Leseproben oder Gestaltungskonzepte? Dann kann die Website als übersichtlicher Speicher für Arbeitsproben dienen. Sie brauchen dafür nicht einmal eine Eingangsseite und viel Drumherum. Es reicht, wenn Sie Ihre Dokumente in einem Unterverzeichnis ablegen wie *www.hermann-mueller.de/arbeitsproben*. Hinterlegen Sie die Dokumente im PDF-Format und wenn möglich zusätzlich als Druckversion (TXT). Beschreiben Sie genau, was (also welches Dokument) sich hinter der jeweiligen Arbeitsprobe verbirgt. Seien Sie dabei so konkret wie möglich.

Beispiel
»Leben im Konsumrausch – Bericht in der *FAZ*, 12.3.2009«
»Uniriese – Zeugnis über meine Tätigkeit als Online-Redakteur«

- Dient die Website in Ihrem Beruf selbst als Arbeitsprobe? Dann verlinken Sie in Ihrem Anschreiben darauf und nennen Sie die Site schon im Briefkopf.
- Können Sie die Website nutzen, um dort Publikationslisten oder Ähnliches einzustellen?
- Kann die Website Ihre Online-Bewerbungen ergänzen? Da Online-Formulare meist nur wenig Raum für Kreativität lassen, können Sie diese auf der Homepage zeigen – in den gebotenen Grenzen. Nennen Sie den Link dann in den Formularbewerbungen.

Fragen Sie sich aber stets, ob der Aufwand, eine Seite zu erstellen, im Verhältnis zum Nutzen steht. Ganz ohne technisches Verständnis wird es Ihnen schwerfallen, eine gute Seite auf die Beine zu stellen. Von halben Sachen sollten Sie aber besser die Finger lassen – nicht funktionierende Bilder oder Links schaden mehr, als dass sie nutzen. Allerdings gibt es mittlerweile zahlreiche einfach

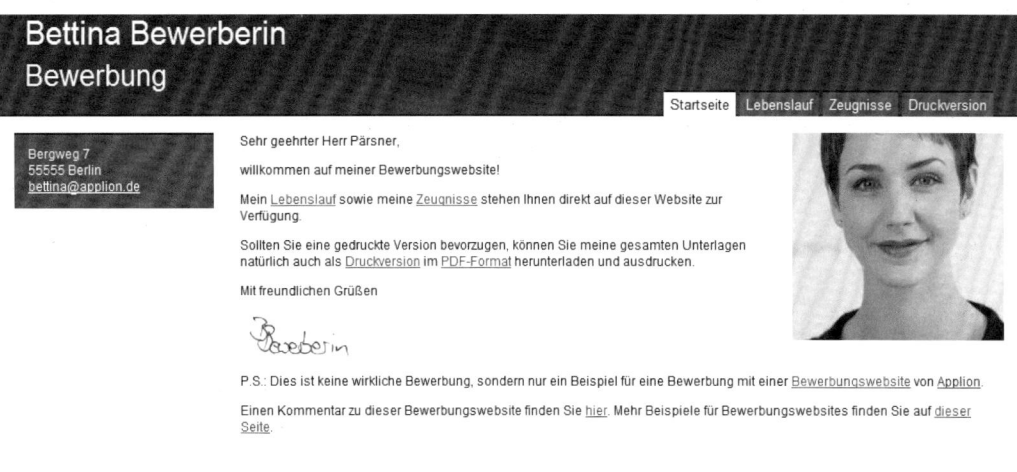

zu bedienende Homepage-Baukästen, die tolle Ergebnisse ohne Programmierkenntnisse liefern. Meist sind diese im Angebotspaket Ihres Providers inbegriffen. Eine Übersicht liefert Ihnen der Tipp am Ende dieses Kapitels.

Bewerber, die noch bei einem Arbeitgeber beschäftigt sind, sollten vorsichtig mit einer Bewerbungswebsite sein – das Internet ist öffentlich, und auch Seiten, die nicht bei Suchmaschinen angemeldet sind, lassen sich leicht finden.

Alternativ lässt sich ein Passwortschutz auf der Seite einrichten. Das bedeutet, dass die Seiten nur nach Eingabe einer Benutzerkennung und eines Passwortes sichtbar sind. Doch dies dürfte vielen Interessenten zu um-

ständlich sein: Einmal auf einen Link klicken ist einfach, Daten eingeben erfordert schon einen Schritt mehr. In Zeiten chronischer Zeitknappheit könnte das der entscheidende Schritt zu viel sein.

Praxistipp: Homepage-Baukästen

- 1&1 bietet seinen Kunden einen solchen Baukasten: *www.1und1.de*
- ebenso *www.strato.de* und
- *www.freenet.de/hilfe/dienste/homepage/index.html*
- *www.homepage-baukasten.de*
- *www.internettankkasten.de*
- Speziell für Bewerber: *www.applion.de*

Kreative Bewerbungen per PDF

Eine E-Mail mit PDF-Dokumenten kommt der klassischen Bewerbung per Post am nächsten. Hier können Sie genau dieselbe Kreativität an den Tag legen. Allein auf die Verpackung haben Sie kaum Einfluss – Sie versenden entweder Einzelblätter oder alle Unterlagen in einem Dokument. In eine hübsche Papiermappe lassen sich diese leider nicht einbinden …

Ihre kreativen Möglichkeiten liegen also in zwei Bereichen: dem Inhalt und der Gestaltung, wobei der Inhalt im Zentrum stehen sollte.

Ungewöhnlicher Einstieg

Analysieren Sie doch einmal Ihr eigenes Leseverhalten. Was Sie aufhorchen lässt oder zum Nachdenken bringt, reizt Sie auch dazu weiterzulesen.

Stellen Sie sich einen Personaler oder einen Fachverantwortlichen vor, die Leser Ihrer Bewerbung. Bei 50 bis 500 Bewerbungen pro Inserat steht Ihm eine langweilige Lektüre bevor. Er muss in wahrscheinlich mehr als 95 Prozent aller Unterlagen mehr oder weniger das Gleiche lesen. Öde Formulierungen, inhaltsleere Aussagen, Selbstdarstellungen vom Typ »Ich will, ich bin, ich kann«.

Wie angenehm ist es, wenn sich jemand durch seinen Einstieg von der Masse unterscheidet! Wenn einmal **nicht** zu lesen ist:

- Vielen Dank für das freundliche Telefonat
- Anbei erhalten Sie meine Unterlagen
- Hiermit bewerbe ich mich auf
- Ihre Anforderungen erfülle ich: Ich bin …

Sie haben nur wenige Sekunden Zeit, Interesse zu wecken. Gerade Anschreiben werden oft nur überflogen. Insofern ist der Einstieg in den Brief, der erste Satz oder Abschnitt extrem wichtig. Und so gelingt er Ihnen:

1. Holen Sie den Leser in der Situation ab, in der er gerade steckt.

Was bewegt ihn? Was ist die Motivation, diese Stelle auszuschreiben? Denken Sie dabei nicht unbedingt an den direkten Leser, also den Unterlagen sortierenden Sachbearbeiter. Entscheidend ist der »Chef«.

Beispiele für Einstiegssätze:
- »Ihr Plan ist es, Produktionsstätten nach Osteuropa zu verlegen. Meiner, Ihnen dabei zu helfen: als in Migrationsprojekten erfahrener Personaler, der jahrelang in Warschau gelebt hat und neben Polnisch auch Russisch spricht.«
- »Ihre Entscheidung, sich künftig auf den Bereich Kundenservice zu konzentrieren, halte ich für strategisch klug. Gerne trage ich dazu bei …«

2. Verweisen Sie auf Gespräche mit oder Kontakte zu höher stehenden Personen im Betrieb.

Seien Sie sich darüber im Klaren, dass die Vorauswahl der Bewerbungen oft von einem Sachbearbeiter und nicht selten sogar von einer Sekretärin getroffen wird. Wenn diese den Eindruck erhält, Sie seien mit einem Vorgesetzten im Gespräch oder hätten einen wie auch immer gearteten guten Draht zu einem Manager, wird sie es nicht wagen, Sie auszusortieren.

Beispiele:
- »Vor einigen Tagen hatte ich ein aufschlussreiches Gespräch mit Ihrem IT-Abteilungsleiter Hermann Müller. Er sagte mir, dass Sie die Einführung einer neuen Qualitätsmanagementsoftware planen.«
- »Mit Ihrem kaufmännischen Geschäftsführer Hans Eichert bin ich seit Jahren bekannt. Auf sein Anraten …«

Beziehen Sie sich auf eine Aussage des Geschäftsführers, eines Vorstands oder einer sonstigen ranghohen Person in einem Interview oder Zeitungsartikel. Damit zeigen Sie, dass Sie sich mit dem Unternehmen beschäftigt haben.

Beispiel:
- »›Das größte Kapital sind unsere Mitarbeiter‹ – dieser Satz aus einem Interview in der *Wirtschaftswoche* klingt in mir nach. Als Personalreferent …«

3. Stellen Sie eine Aussage in den Raum, über die der Leser nachdenken muss.

Beispiel:
»Die Arbeit mit Menschen ist wie die Arbeit mit Licht: Es gibt ein breites Spektrum, das weit über den sichtbaren Bereich hinausgeht.«

4. Entwickeln Sie eine Dramaturgie.

Beispiel:

»Sie suchen nach einer Lösung, wie Sie Ihre Website profitabel machen können? Ich habe ein Konzept. Bitte blättern Sie weiter auf die letzte Seite dieser Bewerbung ...«

5. Provozieren Sie.

Es ist möglich, dass Sie Verärgerung auslösen, wenn Sie »frech« und sehr selbstbewusst auftreten. Oft aber auch nur Verwunderung, und manchmal Bewunderung für Ihren Mut. Genau das ist das Ziel.

Beispiele:

- »Sehen Sie dies bitte noch nicht als eine Bewerbung an: Es ist eine Kurzvorstellung, verbunden mit der Bitte um ein persönliches Gespräch. Bevor ich mich bei Ihnen bewerbe, möchte ich mehr über Sie wissen – weder über das Internet noch über die Personalabteilung konnte ich Details zur Stelle in Erfahrung bringen.«

- »Ihr Wettbewerber Mix Markt hat in zwei Jahren 2.000 neue Kunden gewonnen, den Umsatz um 30 und den Gewinn um 40 Prozent gesteigert. Ich war dort Vertriebsleiter ...«
- »Sie beraten Bewerber und haben eine Erfolgsquote von 50 Prozent. Ich bin mir sicher, dass Sie diese mit mir im Team auf 80 Prozent steigern können.«

6. Bringen Sie den Leser zum Nachdenken.

Stellen Sie zum Beispiel überraschende Fragen oder stellen Sie Behauptungen in den Raum, die von Ihnen oder bekannten Persönlichkeiten stammen.

Beispiele:

- »Wie spielen Kunst und Wirtschaft zusammen?«
- »Deutschland geht dann den Bach herunter, weil in den Unternehmen nicht meditiert wird.«
- »Made in Germany: Gütesiegel oder Muster ohne Wert?«

Voll im Trend: Videobewerbung

In den USA ist es für Absolventen längst normal, sich für die Bewerbung im Internet per Video zu präsentieren. Bei uns ist Video für Bewerbungen noch ein zartes Pflänzchen, das gerade angefangen hat zu keimen. Allerdings wächst es schnell, wie etwa das Angebot von Blinker TV zeigt: Hier können Ausbildungsplatzsuchende und Studierende ein Video hinschicken, das einfach mit einer Handkamera oder dem Handy aufgenommen worden ist. Die Blinker-TV-Videos gehen als eigener Channel auch in den Bestand von YouTube ein und können abgerufen werden.

Personalabteilungen und Fachverantwortliche stehen dem Video allerdings oft noch skeptisch gegenüber; es mischen sich sehr positive, verhaltene und ablehnende Stimmen. Allerdings war dies auch schon bei der Online-Bewerbung so: 2001 hat niemand daran geglaubt, dass die Postmappe je völlig abgelöst werden könnte. Inzwischen ist es so weit. Eine ähnliche Entwicklung könnte es bei Videos geben, zumal Bewegtbilder gegenüber Fotos viel natürlicher wirken und mehr von der

Persönlichkeit zeigen. Dabei schätzen Personaler Videos, die sie per Klick ansehen können und nicht erst umständlich über eine DVD starten müssen.

Videos ersetzen den Lebenslauf nicht, können aber eine ideale Ergänzung zur Bewerbung sein. Beispiele:

- Das Anschreiben verlinkt auf eine Video-Präsentation, die Sie an der Uni oder in Ihrem Unternehmen gehalten haben. Dabei belegt es sichtbare Eigenschaften und Können, etwa Ihre Englischkenntnisse und die Präsentierfähigkeit. Ihre Videos können Sie bei *www.youtube.de* oder *www.myvideo.de* hochladen. Den Link binden Sie ins Anschreiben ein.
- Ihre Video-Präsentation, auf der Sie im Anschreiben oder im Textfeld eines Online-Formulars hinweisen, zeigt besondere Kenntnisse im Umgang mit Medien und Videotechnik.
- Im Video stellen Sie sich in maximal anderthalb Minuten vor und belegen dabei Ihre Fähigkeit, Inhalte zu kommunizieren.

Die erste Variante passt für jeden Bewerbertyp, ob Absolvent oder Führungskraft. Variante 2 ist ideal für Medientechniker, Mediengestalter und Grafiker. Variante 3 ist die schwierigste, weil Selbstpräsentation oft schwerfällt. Während die junge Generation mit Handy und Video aufwächst, ist es die ältere nicht gewohnt, sich frei vor der Kamera zu bewegen.

Doch egal wie alt oder jung: Ein Videoauftritt läuft schnell Gefahr, lächerlich zu wirken, wie beispielsweise die Auswahl bei *www.worstvideos.com* eindrücklich vorführt. So sollten sich Bewerber, die keine Naturtalente vor der Kamera sind, erst einmal coachen und schulen lassen und auf jeden Fall professionelles Feedback zu ihrem Video einholen, bevor sie es hochladen.

Sinnvoll ist ein Video auch für spezielle Zielgruppen:

- Bewerber, die in Bewerbungsverfahren schlechtere Karten haben, beispielsweise weil sie einen bunten Lebenslauf haben.
- Bewerber, deren Noten so schlecht sind, dass sie oft aussortiert werden. Wenn diese Kandidaten per Video nachweisen, dass sie ein Typ für die Kundenberatung oder den Vertrieb sind, könnte das den Malus ausgleichen.
- Bewerber, die älter sind als 55 Jahre und in einem Video lebendig zeigen können, dass sie richtig was bewegen können und keineswegs zum »alten Eisen« gehören.

Für gute Videos gibt es einige Regeln:

So soll es sein – Tipps für gute Bewerbungsvideos

- Idealerweise unterstützt Sie ein in der Erstellung von Videobewerbungen erfahrener Karriereberater oder Coach bei der Vorbereitung.
- Sie sind gut und adäquat für den Job gekleidet. Alles sitzt: der Kragen, das Sakko, die Haare.
- Auch die räumliche Umgebung ist gestylt und auf die Aufnahmen vorbereitet. Sorgen Sie gegebenenfalls für einen klaren und hellen Hintergrund, der Sie optimal präsentiert.
- Sie sprechen frei und lesen nicht vom Blatt ab.
- Sie sprechen gesprochene Sprache, ganz natürlich. Ausdrücke wie »Flexibilität« und »Kommunikationsfähigkeit« haben in Ihrem Video nichts zu suchen.
- Sie sprechen, zeigen etwas, präsentieren, handeln, sind lebendig – aber alles in Maßen, versteht sich.
- Das Video hat eine Länge von nicht mehr als drei Minuten, am besten bis zu 90 Sekunden.

Swantje Meiser

Ichbinda 5
88888 München
Tel. 089.1111.111111
E-Mail. swantje.meiser@licht.org

Licht Factory AG   09.05.2009
Sarah Hueber
Lichtstraße 11
13353 Lichtstadt bei Berlin

Ihre Ausschreibung bei Jobpilot – Sie suchen eine Projektleiterin für Lichtgestaltung

Sehr geehrte Frau Hueber,

die Arbeit mit Menschen ist wie die Arbeit mit dem Licht: es gibt ein breites Spektrum, das weit über den sichtbaren Bereich hinausreicht.

Die richtigen Beleuchtungskonzepte für den jeweiligen Anlass zu finden und zu planen, ist für mich eine große Herausforderung. Als freiberufliche Lichtgestalterin stelle ich mich ihr Tag für Tag. Dabei kam der beratende Aspekt bisher oft zu kurz. Deshalb reizt mich die Aufgabe einer Projektleiterin, die von Anfang bis Ende im Projekt die Fäden zusammenhält. Praktische Erfahrungen im Projektmanagement konnte ich bereits in meiner Tätigkeit als Multimedia-Producerin sammeln.

Als **Bachelor of Arts für Lichtgestaltung** (Abschluss 2005) bin ich auch von der Ausbildung her für die Aufgabe geeignet und erfülle auch Ihre weiteren Anforderungen in jedem Punkt:

- Mein Schwerpunkt liegt in der Licht- und Beleuchtungstechnik für Industrie und Film.
- Meine Konzepte finden breite Anerkennung: Die von mir verantwortete Lichtgestaltung für die BWM-Gala in Köln wurde sogar vom renommierten »Event Magazine« als herausragend bezeichnet.
- Meine Auftraggeber kommen aus Branchen wie Automobil und Konsumgüter und sind oft finanzstark. Außerdem bin ich tätig für Eventagenturen.
- Die »Haussprache« vieler Produktionen ist Englisch. Mein Englisch ist entsprechend fließend und verhandlungssicher.
- Behördliche Genehmigungsverfahren gehören für mich auch jetzt dazu und sind – Büro-kratie hin oder her – einfach Teil der Aufgabe.

Bitte haben Sie Verständnis, dass ich an dieser Stelle keine Aussage zum Gehalt treffen möchte. Mir ist die Aufgabe wichtig und die Perspektiven, die sich daraus ergeben. Erst wenn ich diese kenne, möchte ich daraus eine Gehaltsvorstellung ableiten.

Mit freundlichen Grüßen

Swantje Meiser

PS: Ich freue mich darauf, Sie persönlich kennenzulernen. Bereits auf der CeBIT 2003 habe ich Ihren wunderbaren Stand bestaunt. Und mich gefragt, ob ich wohl irgendwann einmal für Sie arbeiten werde …

Nur ein kleines Designelement fällt in dieser Bewerbung auf – die Glühbirne mit Schmetterling. Diese ist oben abgeschnitten, als wolle sie sich aus dem Dokument erheben. Die dazu gehörige Schrift Lucida Sans ist leicht und wirkt modern.

Kreative Gestaltungsideen

Eines steht fest: Bei einer Bewerbung ist weniger meist mehr. Lassen Sie also die Finger von allzu künstlerischen Experimenten und konzentrieren Sie sich auf kleine, feine Gestaltungsextras.

Sorgen Sie für ein einheitliches Auftreten aller Seiten und gestalten Sie nicht etwa jede Seite anders. Ihr Ziel sollte es sein, sich selbst wiedererkennbar zu machen. Je mehr verschiedene Elemente Sie verwenden, desto »verwaschener« wird das Bild von Ihnen.

Lassen Sie einen eigenen Stil erkennen, der sich an wenigen Punkten festmachen lässt:

- **Ein bis zwei grafische Elemente**, die sich auf jedem Blatt wiederholen. Diese sollten das Gesamtbild der Bewerbung stützen, aber nicht bestimmen.
- **Farben.** Warum nicht mal ein mittleres Grau statt schwarz? Oder eine Kombination aus Blau und Grau. Orange und Schwarz zusammen – das ist mutig, fällt aber auf.
- **Die Schriftart.** Wählen Sie eine Schriftart, die zu Ihnen passt. 95 Prozent aller Bewerber schreiben in Times New Roman (konservative Serifenschrift) oder Arial (eine moderne serifenlose Schrift). Versuchen Sie andere Schriften, die schlicht und schnörkellos sind, aber dennoch einen eigenen Charakter haben.
- **Stil des Fotos.** Sie selbst in Schwarzweiß und der Hintergrund in Andy-Warhol-Gelb. Sie im Anschnitt, kühl blickend. Sie freundlich lächelnd mit schwarzem Rahmen. Kurz: Der Stil des Fotos muss zu Ihnen und zur Bewerbung passen.
- **Der Aufbau:** Sie können Ihren Lebenslauf wie eine Zeitleiste aufbauen oder Ihre Kenntnisse tabellenförmig anordnen. Sie können Zwischenblätter einbauen, die auf die jeweils folgenden Seiten verweisen. Beispielsweise: »Es folgt: der Lebenslauf.«

Tipp

Vorsicht vor Schriftexperimenten in E-Mail-Bewerbungen!

Wenn Sie eine E-Mail-Bewerbung losschicken, haben Sie es nur bedingt in der Hand, wie diese beim anderen ankommt. Ist die von Ihnen ausgewählte Schrift nicht beim Empfänger installiert, wird sie ersetzt – und das Schriftbild verändert sich entsprechend. Aus diesem Grund sollten Sie in E-Mails nur verbreitete Schriften verwenden. Folgende sind auf nahezu jedem Windows-System installiert:

- Arial
- Georgia
- Tahoma
- Trebuchet
- Verdana

Anders sieht es aus, wenn Sie PDF-Dokumente verschicken. Die Schriftart ist hier fest integriert – sie kommt so an, wie Sie diese absenden. Verdana wurde als Bildschirmschrift optimiert und eignet sich deshalb besonders gut für Online-Bewerbungen.

Kreative Zusatzseiten

Eine klassische Bewerbung – ob per Internet oder Post geschickt – besteht aus Anschreiben, Lebenslauf und Zeugnissen. Doch oft sind diese Unterlagen allein nicht aussagekräftig genug. Der Personalentscheider kann sich kein vollständiges Bild machen.

Bei technischen Berufen hilft zusätzlich ein sogenanntes Qualifikationsprofil. Hier führen Sie alle Kenntnisse und Erfahrungen auf. Für Projektmanager empfiehlt sich darüber hinaus eine Projektübersicht, etwa in tabellarischer Form.

Kreativ ist es auch, die Zeugnisse durch Referenzen zu ergänzen – in einer Zeit, in der die meisten Zeugnisse ohnehin erzwungen oder selbst geschrieben sind, erzeugen diese eine ganz andere Wirkung. Sie sind zudem dann angebracht, wenn ein schlechtes Zeugnis ein falsches Bild erzeugt.

Art der »dritten« Seite	Inhalt	Geeignet für:
Qualifikationsprofil (qualification summary)	technische Kenntnisse und Erfahrungen	Ingenieure, Techniker, IT-Fachkräfte
Projektübersicht	Auflistung erfolgreicher Projekte oder jener Projekte, die in Bezug auf den angestrebten Job wichtig sind	Projektleiter und Projektmanager
die größten Erfolge	berufliche Erfolge	Führungskräfte und Vertriebsleute
Zahlen und Fakten	Welche Umsatzsteigerungen haben Sie erzielt? Wie hat sich der Marktanteil unter Ihrer Führung erhöht? Welche Produkte haben Sie eingeführt?	Vertriebler und Führungskräfte
Argumentationspapier	Begründung eines Branchen- oder Berufswechsels	Quereinsteiger
Persönlichkeitsprofil	persönliche Fähigkeiten	Bewerber für Jobs, bei denen es stark auf Persönlichkeit ankommt; Bewerber, die über die fachliche Qualifikation allein kaum wettbewerbsfähig sind
Veröffentlichungen	Liste Ihrer Veröffentlichungen (Buch, Zeitung, Zeitschrift)	Wissenschaftler; Bewerber, die bereits viel veröffentlicht haben und damit Fachwissen belegen wollen
Auftraggeber	Liste von Auftraggebern	Selbstständige, die nach fester freier Mitarbeit oder einer Vollzeitanstellung suchen
Referenzgeber	Liste von Ansprechpartnern und Beziehung zum Bewerber, mit Telefonnummer und E-Mail-Adresse	alle Fach- und Führungskräfte
Referenzen	konkrete Empfehlungsschreiben von Fürsprechern und Förderern	
Das sagen Kunden	Zitate von Kunden (ohne Namen, falls dies nicht zuvor abgestimmt worden ist)	Vertriebler; alle die im direkten Kundenkontakt stehen
Beurteilungen	Zusammenfassung von Beurteilungen	alle, die in größeren Firmen gearbeitet haben und denen es wichtig ist, dass ihre Leistung aus verschiedenen Perspektiven beurteilt wird
Das sagen Chefs und die Kollegen	Zitate von Kollegen	alle, die den Fokus auf ihre Teamfähigkeit richten wollen, z. B. Office-Kräfte

Kurzbewerbung per E-Mail

Warum immer gleich vollständige Bewerbungsunterlagen schicken? Erkunden Sie doch erst einmal die Lage, und machen Sie einem Unternehmen Ihrer Branche konkrete Vorschläge für eine mögliche Zusammenarbeit. Solche Briefe lassen sich wunderbar auch per E-Mail versenden und finden oft auch Resonanz – wenn sie wirklich beim richtigen Ansprechpartner landen und wenn sie so seriös und interessant wirken, dass sie auch geöffnet und gelesen werden.

Wichtig ist bei einer E-Mail gerade die Kürze. Schreiben Sie nicht mehr als eine Bildschirmseite. Gehen Sie ganz konkret auf das Unternehmen und seine aktuellen Bedürfnisse ein, und machen Sie Vorschläge, wie Sie sich einbringen können.

- Wenden Sie sich direkt an einen Abteilungsleiter, Geschäftsführer, an einen Professor.
- Bringen Sie die direkte E-Mail-Adresse in Erfahrung.
- Sprechen Sie die Person direkt an.
- Sagen Sie ganz konkret, was Sie bieten können.
- Signalisieren Sie gegebenenfalls, dass Sie gute Kontakte und Insiderwissen haben.

Bewerbungsgespräche – online, offline und am Telefon

Gibt es schon Vorstellungsgespräche, die über das Internet stattfinden?

Immer mehr Unternehmen interviewen ihre Kandidaten zunächst am Telefon. Hier werden ... usw. sind. Solche Gespräche sind längst auch im internationalen Bereich üblich. Dank Skype *(www.skype.com)* und der Voice-over-IP-Technologie können kostengünstige Gespräche überall geführt werden – auch mit der Kamera, sodass sich die Interviewpartner auch wirklich sehen können. Bei internationalen Bewerbungen spart dieser erste Kontakt immer öfter das erste persönliche Gespräch und damit die Kosten für die Anreise mit dem Flugzeug oder Zug.

Sehr häufig geht es dabei auch um knallharte Gehaltsfragen wie: »Sind Sie bereit, auf 30 Prozent Ihres aktuellen Gehalts zu verzichten?« Richten Sie sich darauf ein und entwickeln Sie eine Antwortstrategie.

Kostenlose Videoanrufe
So sehen Sie während des Gesprächs gleich, mit wem Sie kostenlos reden. Schauen Sie sich auch unsere neue High Quality-Videofunktion an.
Leitfaden für Videoanrufe

Über Skype werden immer mehr Vorstellungsgespräche geführt – das spart den Flug und die Anreise.

Beispiele:

- Ich wäre bereit, zunächst auf 20 Prozent zu verzichten – wünsche mir aber eine Aufstockung nach der Probezeit.
- Mir sind die Rahmenbedingungen der Aufgabe wichtig. Dazu müsste ich mehr wissen, bevor ich Ihnen eine Antwort geben kann.
- Wenn Sie einen variablen Anteil einplanen: Ja.
- Bevor ich eine Antwort auf diese Frage geben kann, möchte ich etwas mehr über Sie und die Aufgabe erfahren.

Vorbereitung auf das Vorstellungsgespräch

Das Internet ist das ideale Medium, um sich auf Interviews vorzubereiten. Dafür sollten Sie mindestens auf der Website der Firma recherchieren und sich den für Sie relevanten Bereich sowie die Pressemeldungen, Wirtschaftsdaten und Karriereinformationen ansehen.

Versuchen Sie darüber hinaus auch möglichst viel über Ihre Gesprächspartner in Erfahrung zu bringen. Diese sind üblicherweise im Einladungsschreiben samt Position genannt. Ist das nicht der Fall, nutzen Sie dies als idealen Anlass, vor dem Termin noch einmal bei genannter Kontaktperson anzurufen. Notieren Sie sich die Namen und Positionen der Gesprächspartner.

Was steht auf der Website des Unternehmens über diese Personen? Bei Konzernen gibt es häufig Selbstdarstellungen, in denen sogar Hobbys genannt sind. Rufen Sie dann eine Suchmaschine wie *www.google.de* auf, und geben Sie dort den Namen der entsprechenden Person in Anführungszeichen ein. Auf diesem Weg bringen Sie möglicherweise den Karriereweg, frühere Positionen und komplette Lebensläufe in Erfahrung. Dies sollten Sie natürlich im Vorstellungsgespräch nicht sagen. Aber: Wenn Sie wissen, dass Ihr Gegenüber gerne segelt, wissen Sie auch, worüber Sie im Small Talk mit ihm reden können. Ist Ihnen außerdem bekannt, worauf der Gesprächspartner persönlich Wert legt, können Sie sich darauf einstellen. Der Lebenslauf Ihres Gesprächspartners kann sogar Aufschluss über das Einstellungsverhalten geben. Beispiel: Ein Vorgesetzter, der selbst sein Studium abgebrochen hat, wird in den meisten Fällen einem anderen Studienabbrecher Verständnis entgegenbringen …

Der nächste Schritt ist, etwas über das Unternehmen herauszufinden, das auf der Unternehmenswebsite nicht erwähnt ist. Was steht in der Presse? Ist von Konzentration auf Kernkompetenzen, Aufbruch in neue Bereiche oder Stellenabbau die Rede? Suchen Sie über Suchmaschinen wie *www.google.de* und hier speziell auch in den bereits vorgestellten Google News *(http://news.google.de)* oder bei Paperball *(www.paperball.de)*. Verwenden Sie diese Informationen für Ihr Hintergrundwissen. Nur wenn es sich situativ ergibt, sollten Sie damit nach außen treten. Beispiel: Sie werden gefragt, ob Sie noch Fragen haben. Wenn Sie sich dann auf einen aktuellen Zeitungsbericht beziehen, demonstrieren Sie damit Interesse und dass Sie gut informiert sind.

Nicht vergessen sollten Sie auch Ihre eigene Bewerbung: Schauen Sie sich die Unterlagen sowie gegebenenfalls auch die Texte und Angaben noch einmal an, die Sie im Online-Formular gemacht haben.

Fragen, mit denen Sie rechnen sollten

Oft laufen Vorstellungsgespräche lockerer und unprofessioneller ab, als Sie denken – vor allem dann, wenn keine Personaler dabei sind. So wundern sich zahlreiche Bewerber, dass in Ihrem Gespräch nicht eine einzige der angeblich typischen Fragen gestellt worden ist … Insofern ist es für Sie auch wichtig, einen Überblick über die Teilnehmer am Gespräch zu haben. Ist ein Personaler dabei, dann stellen Sie sich auf psychologische und verhaltens- sowie persönlichkeitsbezogene Fragen ein. Der Fachverantwortliche dagegen will meist vor allem wissen, was Sie gelernt und erfahren haben, und Ihren Kenntnisstand abfragen.

Meist nehmen mehrere Personen am Vorstellungsgespräch teil – mindestens ein Fachverantwortlicher und jemand aus der Personalabteilung. Beachten Sie beide Gesprächspartner und sprechen Sie sie beide möglichst gleich mit dem Nachnamen an. Die meiste und direkte Aufmerksamkeit fließt jeweils der Person zu, die die Fragen stellt.

Bereiten Sie sich auf folgende Fragen vor:

- **Warum haben Sie sich bei unserem Unternehmen beworben?** Sammeln Sie Argumente, die für das Unternehmen relevant und nicht ausschließlich privater Natur sind.

- **Warum haben Sie sich auf diese Stelle beworben?** Überlegen Sie sich eine Mischung aus Gründen – einerseits sollten sich diese auf das Unternehmen, andererseits auf die Aufgabe beziehen.

- **Was sind Ihre größten Stärken und Schwächen?** Denken Sie über mindestens drei Stärken und drei Schwächen nach. Dies sollten echte Schwächen und Stärken sein, die Sie allerdings nicht – im Fall der Schwächen – in der gesamten »Stärke« schildern. Mildern Sie ab, indem Sie beispielsweise betonen, dass Sie Ihre Schwäche inzwischen beherrschen.

- **Was sind Ihre größten Erfolge?** Erstellen Sie eine Liste mit messbaren Erfolgen auf Ihren letzten Positionen.

- **Beschreiben Sie Ihren beruflichen Werdegang in maximal drei Minuten.** Setzen Sie die Schwerpunkte auf die für die Stelle relevanten Positionen. Nennen Sie das Wichtigste zuletzt – so bleibt es deutlich in Erinnerung.

Vorbereitung auf das Vorstellungsgespräch

Phase	Bemerkung	So sicher fühle ich mich (1 unsicher, 5 sehr sicher)
Small Talk/Warm-up	Was sage ich am Anfang? Welche Frage stelle ich?	
Lebenslauf	Entscheiden Sie sich für 4–7 für den Arbeitgeber relevante Meilensteine in Ihrem Lebenslauf. Schildern Sie diese mit Beispielen und Erfolgen. Verwenden Sie viele Verben und Bilder.	
Nachfragen Lebenslauf/Lücken	Welche Nachfragen könnte es geben, und wie antworten Sie?	
Letzte Position	Warum haben Sie diese beendet? Was war Ihr Erfolg dort?	
Fachliche Frage 1	Was könnte man Sie fachlich fragen, und wie antworten Sie?	
Fachliche Frage 2	Weitere Frage	
Lösungsfrage (wie würden Sie ...)	Überlegen Sie, welche Lösungsfrage naheliegend ist, z. B. wie würden Sie ein Produkt einführen oder wie reagieren Sie, wenn ein Kunde reklamiert.	
Stärken/Fremdsicht	Was sagen andere über Sie? Freund, Mutter, Chef, Ausbilder ...	
Schwächen/Fremdsicht	Was finden andere bei Ihnen nicht so gut?	
Erfolg	Was war Ihr größter Erfolg?	
Misserfolg	Was war ein Misserfolg? Wie sind Sie damit umgegangen?	
Führung 1 (Stil)	Wenn Führung Thema ist: Wie führen Sie? Was ist Ihr Verständnis von Führung?	
Führung 2 (Aufgabe)	Wenn Führung Thema ist: Wie würden Sie sich verhalten, wenn zwei Mitarbeiter nicht die vereinbarte Leistung erbringen?	
Ziele	Welche Ziele setzen Sie sich für den Zeitraum von 2 oder 5 Jahren?	
Provokation/Testfrage	Wie reagieren Sie, wenn jemand Sie bewusst angreift? (Überlegen Sie sich eine Reaktion auf unfaires Verhalten.)	
Gehalt	Überlegen Sie sich ein Gehaltsziel, das Sie gerne erreichen möchten, und eine Grenze, die Sie nie unterschreiten.	
Fragen ans Unternehmen	Überlegen Sie sich drei gute Fragen.	
Abschied	Was sagen Sie zum Abschied?	

10 letzte Fragen zur Internet-Bewerbung

1. **Das Online-Formular fordert die Eingabe eines Gehaltswunsches. Welche Höhe sollte ich angeben?**
Ermitteln Sie eine für sich passende Spanne, z. B. mit Hilfe von Gehaltschecks von *Personalmarkt.de* oder *www.geva-institut.de*. Geben Sie dann eine Summe ein, die leicht über dem liegt, was Sie eigentlich erzielen möchten.

2. **Im Online-Formular sind nur drei Stufen für die Bewertung von Kenntnissen vorgegeben. Wo sollte ich mich einordnen, wenn ich im Englischen z. B. zwischen fließend und Grundkenntnissen liege?**
Im Zweifel stufen Sie sich lieber etwas höher ein als zu niedrig. Es kann sein, dass Voreinstellungen im Formular Sie sonst automatisch aussortieren, weil Sie die Kriterien nicht erfüllen. Wenn Sie im Vorstellungsgespräch darauf angesprochen werden, seien Sie offen. Eine mögliche Antwort: »Ich hatte leider nur die Wahl zwischen Grundkenntnissen und fließenden Kenntnissen. Da ich über weit mehr als nur englische Grundkenntnisse verfüge, musste ich mich entscheiden.«

3. **Im Online-Formular gibt es ein Freitext-Feld, in dem ich meine Motivation, mich gerade bei diesem Unternehmen zu bewerben, erläutern soll. Was soll ich schreiben?**
Was ist der Grund für Ihre Bewerbung? Schreiben Sie auf ein Blatt Papier, was Ihnen dazu einfällt. Sortieren Sie dann die Ergebnisse Ihres Brainstormings. Wählen Sie Aussagen aus, die vermutlich nicht jedem Bewerber einfallen. Beispiel: Die meisten Bewerber schreiben der Lufthansa, dass sie selbst gern fliegen oder finden, dass es eine tolle Marke ist. Das ist langweilig. Streichen Sie solche Aussagen also von der Liste. Wenn Ihnen nichts einfällt: Suchen Sie in Nachrichten über das Unternehmen, die Sie bei z. B. Google News finden, nach Herausragendem, das sie für Ihre Zwecke nutzen können.

4. **Muss ich alle Zeugnisse und Nachweise verschicken?**
Nein, entscheiden Sie sich für die wirklich relevanten Anhänge – es muss nicht jeder Word- oder Präsentationskursus belegt sein. Berufserfahrene sollten die letzten zehn Jahre und Ihren höchsten Ausbildungsabschluss dokumentieren.

5. **Die Benutzerführung im Online-Formular ist Englisch. Muss meine Bewerbung dann auch Englisch sein?**
Nur, wenn die Anzeige englisch war. In diesem Fall sollten Sie die kompletten Unterlagen auf Englisch einsenden. Entscheiden Sie sich für die englische Form, wenn es ein angloamerikanisches Unternehmen ist und die Personalentscheidungen außerhalb Deutschlands stattfinden. Andernfalls wählen Sie die deutsche Form in englischer Übersetzung.

6. **Muss ein Foto in die Online-Bewerbung?**
Fotos sind spätestens seit der Einführung des Allgemeinen Gleichstellungsgesetzes AGG 2006 umstritten, da sie ethnische Zugehörigkeit und das Alter offenbaren. Unternehmen dürfen keine Fotos fordern. Es bleibt deshalb Ihre Entscheidung, ob Sie ein Foto für wichtig halten oder darauf verzichten möchten. Wenn Sie eines einbinden, sollten Sie es oben rechts in den Lebenslauf oder auf ein Deckblatt als Grafikdatei fest integrieren. Schicken Sie es auf keinen Fall als separate Datei.

7. **Schicke ich die Anlagen als eine Datei oder einzeln?**
Auf jeden Fall als eine einzige Datei. Mit einzelnen Dateien verärgern Sie den Empfänger, da er alle Datei einzeln aufklicken und abspeichern muss. Hinzu kommt, dass sich eine Datei von den internen Systemen der Unternehmen besser verarbeiten lässt.

8. **Ich bin zu einem Online-Test vor oder nach der Bewerbung eingeladen. Wie sichert sich das Unternehmen ab, ob ich auch selbst den Test ausgefüllt habe?**

Die meisten Unternehmen wiederholen den Test noch einmal, wenn Sie persönlich eingeladen werden. Wenn also jemand anders z. B. die Matheaufgaben gelöst hat, fällt das meist auf.

9. **Das Unternehmen hat mir eine Absage geschickt, obwohl ich wirklich hundertprozentig passe.**

Es ist seit der Einführung des AGG schwer, Auskunft über Absagegründe zu erhalten. Unternehmen sind da sehr vorsichtig geworden, da sie Angst haben, dass der Bewerber sie verklagen könnte. Trotzdem sollten Sie nachfragen. Manche Absagen sind ein Versehen. Und manche Personaler sind trotz AGG bereit, zumindest ein paar Tipps für nächste Bewerbungen zu geben.

10. **Wie soll ich auf eine Einladung antworten – per Mail, Telefon oder Post?**

Am besten persönlich per Telefon. So haben Sie Gelegenheit, weitere Informationen über den Job in Erfahrung zu bringen, etwa Informationen über die Zahl der Gesprächspartner und den Ablauf.

*»Detailliertes Spezialwissen
mit hohem Informationsgehalt.«*

Stiftung Warentest ›Spezial Karriere‹ 12/2008

Svenja Hofert

Jobsuche und Bewerbung im Web 2.0

128 Seiten / Broschur

ISBN 978-3-8218-5951-4

Das Web 2.0 revolutioniert Jobsuche und Bewerbung: mit Blogs, Videos, Podcasts, sozialen Netzwerken und einer neuen Generation von Jobbörsen. Denn mit dem Internet kann man sich auf eine ganz neue Art präsentieren, unkompliziert Kontakte herstellen und alternative Bewerbungswege beschreiten.

Svenja Hofert stellt in ihrem Buch die sieben wichtigsten neuen Trends für Bewerbung und Jobsuche vor und zeigt anhand vieler Erfahrungsberichte und Beispiele, wo die Chancen und Risiken für das Bewerben im Web 2.0 liegen.

Die Wahrheit über die Karrieretrends von morgen

Svenja Hofert

Das Karrieremacherbuch

Erfolgreich in der Jobwelt der Zukunft

176 Seiten / Klappenbroschur

ISBN 978-3-8218-5991-0

Die Zeiten, in denen der perfekte Karriereplan ein hohes Einkommen, Firmen-wagen und hohes Fixum garantierte, sind unwiederbringlich vorbei. In der Arbeitswelt der Zukunft gibt es keine festen Regeln für den beruflichen Auf-stieg, sagt Svenja Hofert – nur die eigene Persönlichkeit. Wer hier bestehen will, muss sich immer wieder neu erfinden, ohne Angst vor Veränderungen und Positionswechseln.

Das Buch verrät, wie die Arbeitswelt der Zukunft aussehen wird – und wie die Karrieren von morgen wirklich funktionieren.